はじめに

ふだん庭や裏山で目にしているアカシアやロウバイ、ドウダンツツジなどが今、町の生花店や直売所で大人気です。〝枝ものブーム〟が起きているといっていいでしょう。

枝ものとは、切り花として流通している枝（切り枝）のことをさします。かつて枝ものといえば、生け花用がほとんどでした。しかし近頃は誰でも日常的に使う花として人気が出てきたのです。たとえば、手軽に季節感や緑を暮らしに取り入れることができるため、インテリア感覚で枝ものをオフィスや自宅に飾る人が増えています。加えて、正月やクリスマスの飾り、神事や仏事のお供え物などの需要のほか、ドライフラワーのブームや国際女性デーにミモザを贈り合う文化が広まったこともあり、さまざまな場面から枝ものへの注目が集まっています。

農家にとって枝ものが売れることはいいことだらけです。ほとんどの品目が露地での無加温栽培であるため燃料代がかからないこと、栽培管理が比較的簡単なものが多く誰でも取り組みやすいこと、どの季節にも最低ひとつ以上は出荷できる品目があるため少量多品目栽培や直売所出荷に向いていることなどが挙げられます。また、枝ものを栽培することで遊休地・耕作放棄地の活用や山づくりに活かすこともできます。

この本では『現代農業』などで取り上げた枝もの栽培・販売の記事を、品目ごとに図鑑形式でまとめました。また、直売所農家に枝ものの売り方の極意を紹介してもらったほか、枝ものをなりわいとする農家の技術と経営や、遊休地や山を活かした栽培・採取の事例なども収録しました。

ページをめくるだけで季節が感じられる枝ものの魅力を、思う存分味わってみてください。

２０２３年11月

一般社団法人　農山漁村文化協会

※執筆者・取材対象者の住所・姓名・所属先・年齢等は記事掲載時のものです。

品目別さくいん

（**太字**書体は詳しく解説しているページ）

第1章 枝ものが売れる！

花の専門店はもちろん、直売所でも枝ものが人気だ。
暮らしの中に〝自然の象徴〟として枝ものを飾る人たちが増えている。
ふだん何気なく見ている庭や裏山には、売れる枝ものがいっぱい。

屋敷まわりの枝ものを直売所販売

宮城●樋口太一

筆者と妻のふみ江。2人で畑30a、竹林・雑木林50aを管理。敷地にはウメ20本、モモ10本、ユズ8本、ツバキ70本、マユミ15本などが生えている（写真：田中康弘、以下Tも）

みなと違うもので勝負したい

サラリーマンを定年退職後、無肥料無農薬での野菜づくりに取り組んだ。しかし虫食いも多く、先輩農家と比べると、無肥料でつくる自分の野菜のできばえは貧弱。なかなか売れないために方向転換し、みなと違うもので勝負できないかと考えた。

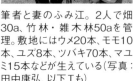

「待てよ、家のまわりには、せん定もせずモシャモシャと好き勝手に枝を伸ばす樹がたくさんある」

そこで手始めに、庭に40年以上前からあるユズの枝に着目。トゲや葉を全部取って黄色い実を際立たせ、300円ほどで直売所に出荷したところ、好評で売り切れた。「これはもしかすると、ものすごく面白いんじゃなかろうか」と、同じく庭にあり、きれいな色の実をつけるムラサキシキブやウメモドキ、ピラカンサなど、何でも手広く売り出した。

当初はスーパーの野菜コーナーにも出したがあまり売れない。そこで現在は直売所「おおくまふれあいセンター」にほぼ全量を出荷している。100万人都市の仙台から30km圏内にあり、ほかとは違う需要があるのが魅力で、あるときには料亭の女将から「玄関の瓶に生けるため、長めのものを」と、巨大サイズのマメガキの枝を注文され

1この奥に竹林、ツバキなどが生える雑木林が合計50aほど広がっている。枝を切ってくるのは私の役目（T）　2赤色の実が映える。11月頃から4本ほど束ねたものを350円ほどで販売。黄色い実のピラカンサもある（T）　3 10月頃、同じ形で白いシロシキブ（コシロシキブ）と一緒に束ねたものを、「両式部」として300円程度で販売（写真：赤松富仁、以下Aも）　4赤い実がいいアクセントになるので重宝する（A）

て面食らった。

まさか、邪魔だったあの枝がこんなに売れるなんて……と、枝ものの人気には今でも驚かされる。

私の商品化術

秋　葉をあらかじめ落として実ものを販売

わが家の竹林の中にはツバキ、ミズキ、マユミなどが自生していて、少し開けたところにはアカマツやタラノキがある。また、私は植木が好きで、20代の頃からユズ、カキ、ピラカンサ、カイドウ、サクラなどを買い求めて庭などに植えてきた。その多くが成木に育っており、毎年徒長枝が勝手放題伸びるので、それをせん定バサミで切り取って売っている。

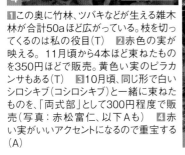

秋に実もの（実をつけた枝）で売るカキやクリ、ユズなどは、出荷中に葉が落ちて見栄えが悪くなるので、せん定バサミで葉をすべて取るようにした。代わりにウメやアオキ、ツバキなど、葉が落ちにくい枝と一緒に結んで出せば、実も葉も長持ちしてくれる。クリには楕円形のアオキ……と、もともとの葉と似たものを選んで添えている。

同じく実ものとして出すムラサキシキブやウメモドキも、あらかじめ葉を全部取っ

3

4

1

2

12花ユズの枝もの。じつは、ツバキと組み合わせてあった。花ユズは葉をすべて落としてあり、ずいぶんと頼りないが、ツバキの青々した葉で化けた。400円で販売
34神々しいクリスマス飾り。ニシキギは銀色で塗装してある。松ぼっくりがいいアクセント。これが500円というから驚き

きれいに見える組み合わせ

てしまう。これらは実だけでも十分きれいな姿なので、実と枝のみで販売する。ムラサキシキブと、その変種のシロシキブを合わせて輪ゴムで結んで作る「両式部」は、白い実と紫の実のコントラストがとても美しい。

冬 クリスマス、正月には枝葉に飾り付け

クリスマスには、ヒイラギやヒバ、クリスマスホーリーなどに１００円ショップで買った鐘や星形の装飾を取り付け、リボンを結んで出荷。５００〜８００円でよく売れる。

12月25日をすぎると、今度は正月需要に向けた準備となる。自宅には自然発生したアカマツが20本ほどあるので、この枝を２本組２５０円などで出す。輪ゴムで2本の枝をまとめるだけなので、ほとんど手間はかからない。松竹梅の飾りはアカマツ、竹（ハチク）、白加賀梅1本ずつに、花ユズ（実の小さいユズ）や赤い実をつけるピラカンサ、もしくはナンテンを加えて作る。正月飾りには赤や金銀の色彩が好まれるので、竹にスプレーで金や銀の色を付けるのがコツ。これは、８００〜１２００円で毎年よく売れる。

こうした装飾には感性のするどさや作業

拝見！正月飾りの作り方

1材料に使うハチクとユキヤナギ。ラッカーで金色や銀色の正月らしい色に塗装しておく(T)　2材料を束ねる。赤い実のナンテン、アカマツも一緒に(T)　3できあがりの高さを決めたら、ノコギリで切り揃える。枝の位置を整え、太い輪ゴムで束ねる(T)

のていねいさが必要で、私よりもむしろ妻の得意分野。加工に包装にと、大活躍してくれる。

早春　茶の間でつぼみを大きく育てる

つぼみの状態で出すサクラやウメなどは、タイミングを外すと、あっという間に開花して売れなくなる。わが家にはハウスがないので、水を入れたバケツなどに枝を入れ、自宅の茶の間や縁側に置いてつぼみが大きくなるのを待つ。特にスモモのつぼみはすぐ開くので注意している。

サクラはシダレザクラと八重ザクラがあり、350円ほどでよく売れる。モモは3月のひな祭りに合わせてつぼみが大きくなるように、2月中旬に縁側などに置いて、日光を当てて調製する。節句をすぎてもまだまだ需要があり、3月中は売れ続ける。

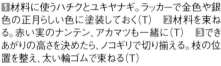

ウメは出荷時期が長い。紅梅、白加賀、豊後梅などが生えており、中でも紅梅が一番早く、年末には庭で自然につぼみをつける。華やかな赤色なので、直売所に枝を持っていくとお客さんの目がこちらに向くのを感じてやり甲斐が出る。白加賀は正月用の出荷が主なので、12月中旬には枝を茶の間に取り込み、つぼみを大きく育てている。

ほかの樹と違って、ウメはせん定しないとまっすぐな枝が出ず、セロハン包装で苦

私の枝ものカレンダー

1月 小正月飾り（ミズキ）

2月 紅梅、白梅（白加賀）、豊後梅、ツバキ

地域でなじみの薄い豊後梅は「ピンクウメ」として250〜400円で出す

3月
モモ（節句用）

4月 サクラ（八重、シダレ）、スモモ、カイドウ、山菜のタラノメ

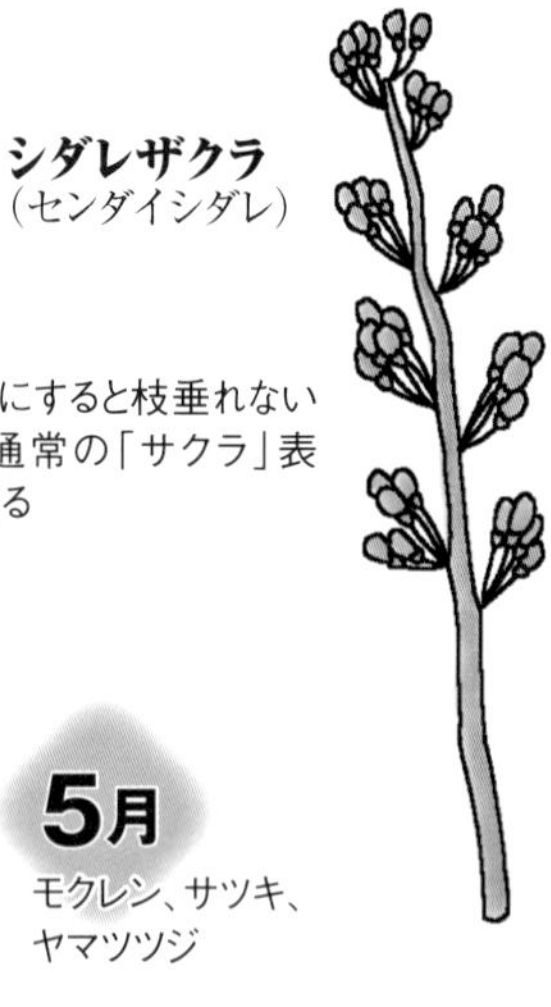

枝ものにすると枝垂れないため、通常の「サクラ」表記で売る

5月
モクレン、サツキ、ヤマツツジ

6月 アジサイ、山菜のミズ

7月
イロハモミジ、ニレケヤキなどの苗

実生を3〜4本寄せ植えし20〜30㎝のものを約200円で販売

8月
サルスベリ、ザクロ

9月
ススキ（十五夜用）、クリ

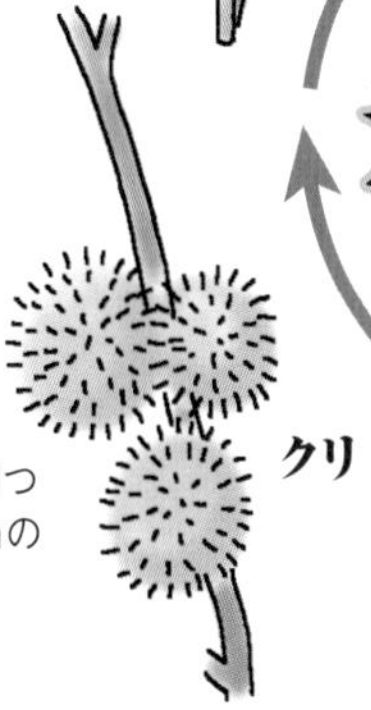

緑のイガを5〜6個つけた80〜100㎝の枝で300円程度

10月
ムラサキシキブ（シロシキブ）、ウメモドキ

70〜80㎝の枝2〜3本を合わせ「両式部」として200〜300円で販売

11月 マメガキ、ユズ、ピラカンサ

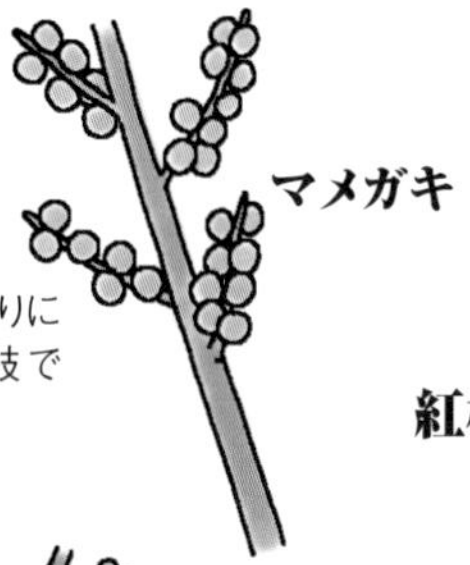

ミニトマト大の実が鈴なりになる。50〜60㎝の枝で400円程度

12月 クリスマス飾り、正月飾り

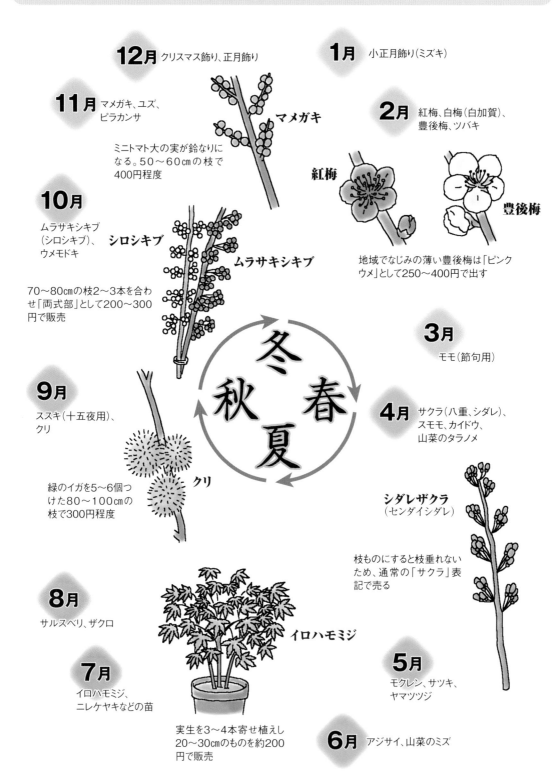

促成室やハウスを使わないでウメやサクラのつぼみを育てる方法

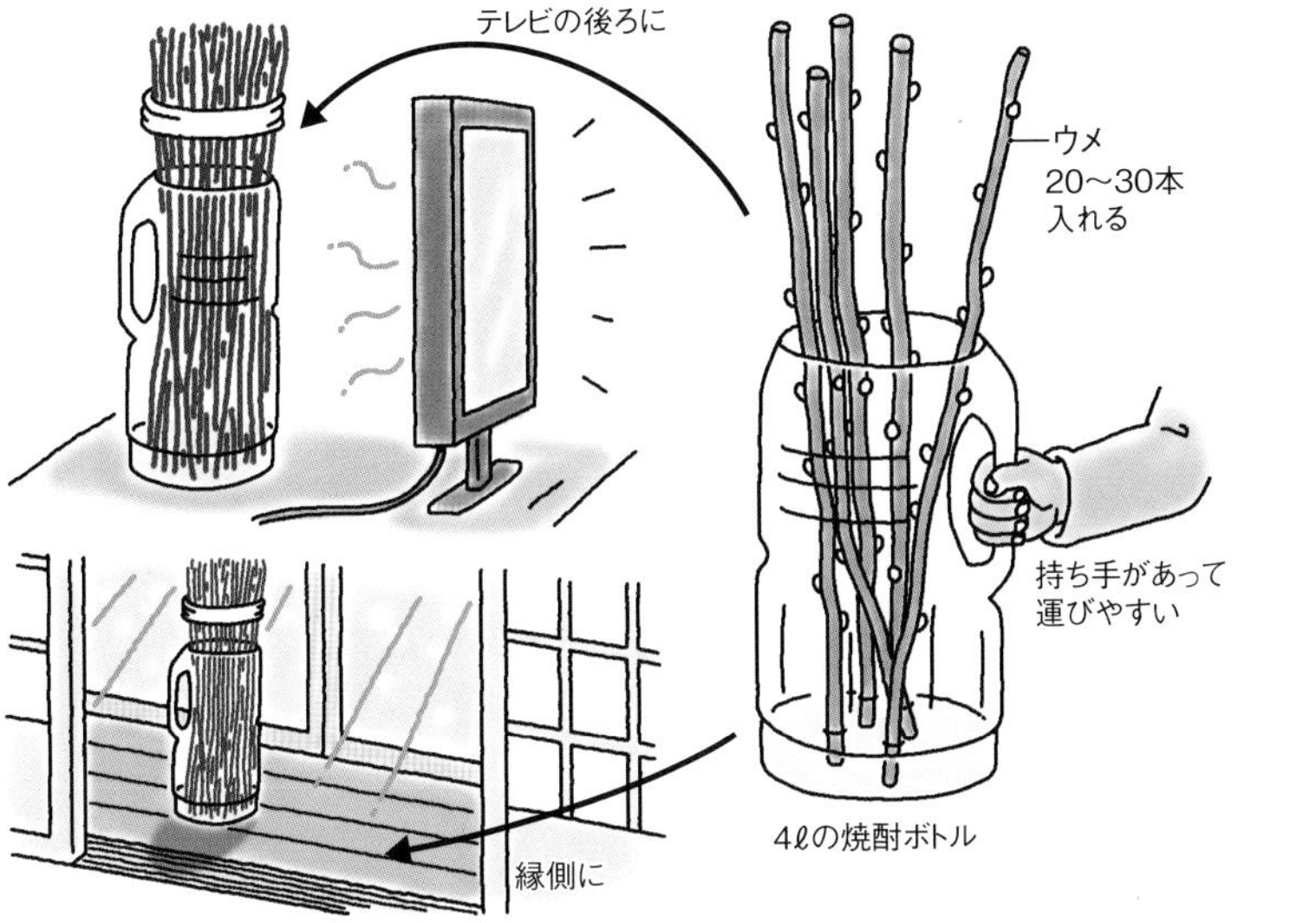

容器にはバケツや100円ショップの縦長のゴミ箱、4ℓの焼酎ボトルの上を切ったものを使う。縁側や茶の間のテレビの後ろなど、暖かい場所に置く

労する。そのため2月頃にせん定するが、切った枝の中に形のいいものがあれば、それもつぼみを育てて売っている。たとえせん定枝だって、むだにはしたくない。

夏 ポットで育てる苗が売れる

夏の鉢ものも評判がいい。イロハモミジは昔譲ってもらった苗が成木となっており、タネが落ちた場所から芽が出るので、これを鉢に寄せ植えして売っている。八房のニレケヤキは根を切り出してポットに挿しておき、2年目に15〜30㎝になったものを1鉢３００円で販売。小さく密な枝ぶりが盆栽用として好評で、いつも完売している。

竹林の中にはマムシグサ、ニリンソウ、ヤブコウジ、カタクリなどが自生しており、妻はこうした野草まで鉢ものにしている。１００円ショップで色つきの鉢を買って植え付け、少ししか出さないが人気が高い。竹林は枝ものや鉢ものの宝庫である。

ラクに儲かる枝もので地域を元気にしたい

私が暮らすのは２８０世帯８００人の地区で、田んぼを持つ50世帯のうち、自分で耕作しているのは7〜8軒。他人に田んぼを任せてしまうと、実行組合（ＪＡの集落組織）まで抜けてしまう。これではいけないと思い、私は田んぼをつくっていないが組合員となって、地域のつながりが薄れないように、ほかの人にも組合を抜けないよう呼びかけている。

そして地区の人たちの収入を助ける品目として、私は枝ものに期待している。当初、おおくまふれあいセンターに枝もの出荷者はおらず、私の独壇場だった。しかし、次第にほかの生産者も真似して枝ものを出し始めるようになると、「枝ものの直売所」として知名度と需要がアップ。お互いの情報交換も盛んとなり、かえって相乗効果が高まった。

現在、私自身の収入は野菜も入れて年間１００万円。ほとんどが直売所での売上によるもので、うち枝ものが40万円ほどを占める。きつくなく、苦労をあまりしない枝ものづくりでみなさんの収入が少しでも上がればいいと思う。

（宮城県山元町）

どん詰まり集落より

「野山の掘り出しもの」を増やして売る

静岡●前川俊雄さん

苗代0円、すぐ売れた

開店時間を迎えたばかりの直売所「じまん市南部店」。多くの品物でにぎわう中でも、花コーナーが一際鮮やかだ。

その日、前川俊雄さんが出荷したのはナンテン5束とマユミ5束。それぞれ２８０円の値段がついている。もともと家の裏山に自生していたものを挿し木で殖やしたので、苗代は0円だ。

「ふつうに野山にある花や枝を、ほかの人が思いつかないうちに出す。これが秘訣なんですわ！」

そう前川さんが話している最中にも女性客がナンテンを1束お買い上げ。たくさんついた赤い実がきれいなので、玄関に飾るそうだ。

茶畑を花木畑に

前川さんの家はじまん市から車で2時間ほど北に向かった山の上、標高４００ｍの諸《もろ》子《こ》沢《ざわ》地区にある。道中の斜面には茶畑がいくつも広がる。

「前はお茶農家だったけど、やめちゃったんですよ。茶の値段が安くなったのもあるけど、一番の理由はあの斜面。妻と2人で茶摘み機持って、上り下りするのは大変だもんでね」

その点、花は軽い。さらにもともと自生していた野の花や花木だと、ほとんど防除いらずなので使う道具もハサミだけ。家の裏に広がるナンテン畑も、茶の木のやぶきたを掘り起こして、挿し木で殖やしたものだ。

正月飾りのナンテン

前川俊雄さん。さまざまな枝ものを栽培し、毎日、自宅から50㎞離れた直売所やスーパーなど8店舗に持っていく（写真：佐藤和恵、以下Sも）

ナンテンの収穫は出荷の前日。実をたくさんつけた枝を選んだら、枝先から60㎝のあたりをせん定バサミでカット。2枝を輪ゴムで束ねて、ラッピング袋に通す。水を張ったバケツに挿して、翌朝出荷だ。枝ものはしおれる心配もないし、虫食いもないので、調製作業の手間がほとんどいらない。

10月下旬からぼちぼち出荷が始まり、特に12月20日からお正月すぎまでがピーク。直売所とインショップあわせて8店舗に毎日10束ずつ出荷する。

挿し木で殖やすときは、3月に枝を20㎝ほどの長さに切って挿し穂を作り、日陰の挿し床に挿しておく。半年くらいで根が出てくるので、翌年の春に畑に定植。根付きがよく、生長も早いため、3年も経てば枝

諸子沢の斜面の畑で作業中。以前は茶農家だったが、今は切り花や枝もの、果樹をつくる（写真：赤松富仁、以下Ａも）

諸子沢にある前川さんの家と清水区の畑の位置関係

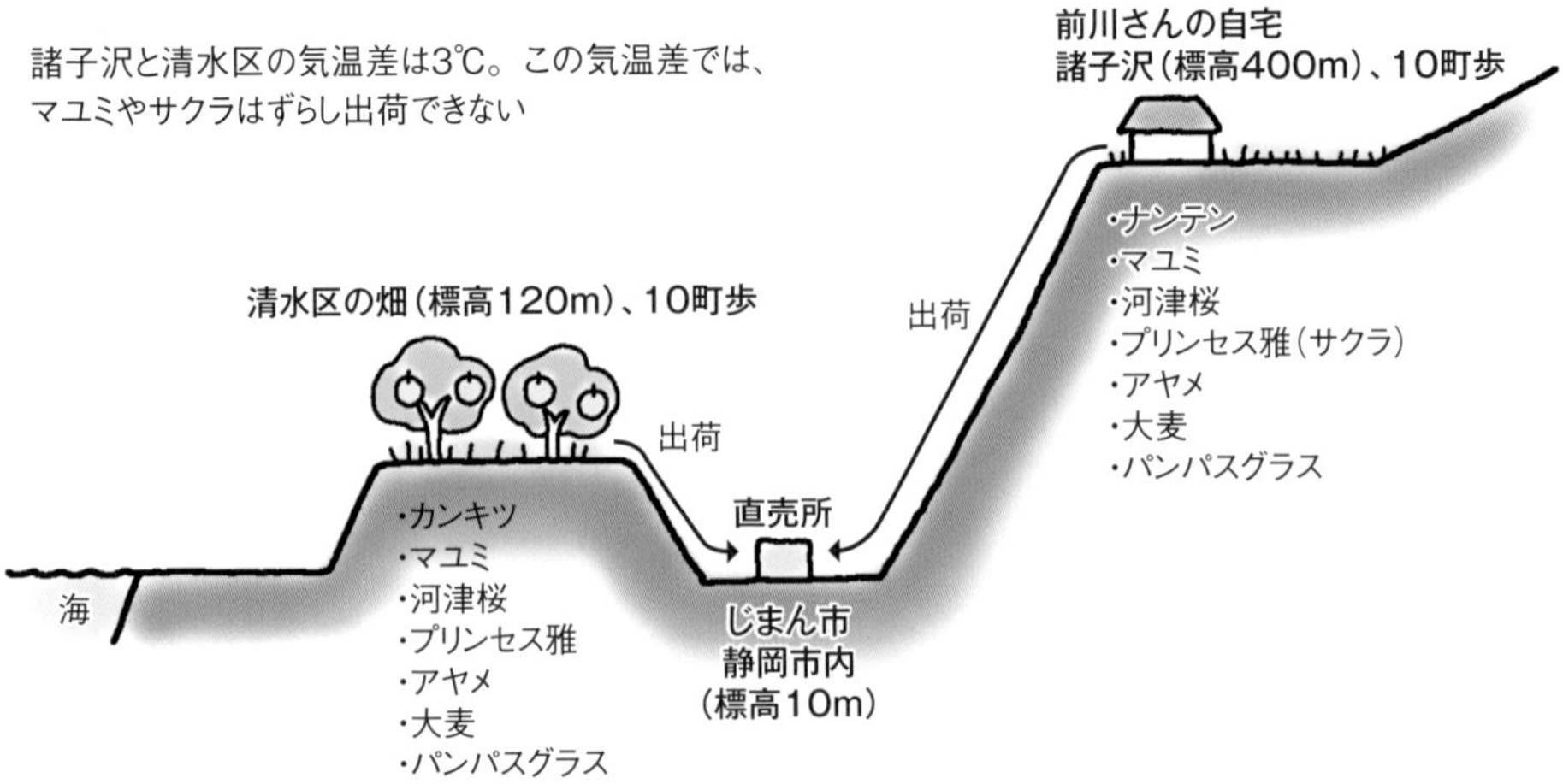

が切れるようになる。

マユミは生け花用に

清水区の村松滝川地区（標高120m）にも畑がある。こちらは海に近く、富士山も一望できる開けた畑で水はけも日当たりもよい。主にカンキツが植えられており、中には『現代農業』を見て取り寄せた品種も多い。そんな畑の脇にはマユミが植わっている。

「マユミは紅葉がきれいだけど、葉が落ちてからも実を楽しめるんですよ。桃色に熟した実の中から紅色のタネがひょっこり覗いてきれいですよ」

これもナンテンと同様に60cmの長さで切る。マユミは生け花にもよく使われる枝もので、生け花教室の先生が直売所で買っていくようだ。

実が青いうちは、虫の食害を受けやすい樹なので、夏のミカン防除と一緒に薬をまいている。

サクラの品種を試験中

カンキツ畑の法面には「ジュウガツ桜」がぽつぽつと花をつけていた。

「サクラを40品種くらいひこばえ接ぎ木（59ページ）で殖やして、どれがきれいに花を咲かせて売れるのか見てるところなんです」

現在、一輪が大きくて色が濃い品種が好まれることがわかってきた。一番人気は3月初旬に咲く極早生の「河津桜」。1枝250円で出荷すると、サクラが待ち遠しいお客さんが買っていくそうだ。河津桜が終わったあとは早生品種の「プリンセス雅」が咲く。桃色の花びらに紅色のがく片がアクセントになった、かわいらしいサクラだ。

色の淡い品種は、見慣れたソメイヨシノのイメージであまり売れず、一見豪華な八重桜も花が下向きのため好まれないようだ。

添え物は巨大なパンパスグラス

「花木が売れるっていっても、花コーナーの目玉はやっぱりキクとかカーネーション。素朴な野の花や花木を売るには組み合わせが大事なんですよ」

そこで、アルゼンチン原産の巨大なパンパスグラスが活躍する（31ページ）。お化けススキとも呼ばれ、地際から穂の先まで2mほどの高さになる。開花前の穂はきれいな銀色。これをやはり60cmほどに鎌で刈って葉を取り除き、添え物として使う。ユーカリの「銀世界」や家の畑で少しだけ育てるダリアに合わせて出荷している。

長く使いたいパンパスグラスは、家の近くの遊休地にも植えてある。

前川さんの主な出荷品目

主な出荷品目	出荷時期（月）											
	1	2	3	4	5	6	7	8	9	10	11	12
ドドナエア	■	■	■	■	■	■	■	■	■	■	■	■
ユーカリ	■	■	■	■	■	■	■	■	■	■	■	■
シキミ	■	■	■	■	■	■	■	■	■	■	■	■
カンキツ	■	■	■	■	■	■			■	■	■	■
ヤナギ	■	■	■									■
ナンテン	■	■									■	■
ロウバイ	■	■										
サクラ	■	■	■	■								
ウメ（カゴシマコウバイ）		■	■	■								
アカシア		■	■									
モモ		■	■									
アジサイ			■	■	■	■						
アカメガシ			■			■	■	■				
シモツケ				■	■	■	■					
アヤメ				■								
パンパスグラス							■	■				
マユミ											■	■

※ユーカリ・ドドナエアは清水区の畑のみで栽培

1 ナンテンの枝。きれいな実を多くつけた枝を選んで、60㎝の長さで切る
2 エドヒガン系統の「ジュウガツ桜」。サクラはひこばえ接ぎ木で殖やしている

「家のある諸子沢は山の中の集落だから寒いんですけど、海の近くの清水区は黒潮であったかい。冬の気温差は3℃くらいあると思いますよ」

標高差が280mあると、収穫日も15日違う。うまくずらし出荷ができる。

ヒット商品のアヤメと大麦の花束

この標高差を活かした一番のヒット商品が1束280円のアヤメと大麦の花束。家の庭に自生していた紫色のアヤメと緑色の斑入り大麦を組み合わせた。

清水の畑に株分けしたアヤメは、4月上

1 アヤメと大麦を組み合わせて花束にする（A）
2 アヤメはつぼみの状態で切り、売り場で咲き始めるようにする。一番上の花がすでに咲いていたら摘み取って、下のつぼみを利用（A）

旬から15日間出荷。咲き終わりの中旬には諸子沢のアヤメが咲き始める。大麦も同様に2つの畑にタネをまく。

「緑色のさわやかな穂が紫色のアヤメを引きたてて、ほんとにきれいですよ」

まだ花の少ない4月中は飛ぶように売れ、1日100束出荷しても足りなくなるそうだ。

埋もれている品種を見つけたい

前川さんは野山で花を探しつつ、ホームセンターにも足しげく通う。掘り出し物もけっこうあり、年間で40万円分も購入するそうだ。

買ってきた花はまずは試験栽培。どんな花が咲くのか、こまめに防除しなくても育って、ラクに出荷できるのかどうかを確かめる。OKとなったら株分けや挿し木で殖やしていく。サクラやパンパスグラスも一番最初はホームセンターで購入したものだ。

そんな前川さんだが、じつは花を選ぶ一番の基準は売れるかどうかではないそうだ。

「きれいだなって思ったらつくりたくなるのが農家。こんな花もあるの？　って驚いて買ってもらえるとすごく嬉しい。そういう埋もれている品種を見つけたい。まわりにもお茶が無理なら花だよ、って勧めてます」

（静岡県静岡市）

前川さんの大ヒット花束組み合わせ

組み合わせ	販売時期（月）											
	1	2	3	4	5	6	7	8	9	10	11	12
ネコヤナギ+ツバキ	■	■										
アカメヤナギ+ツバキ	■	■										
サクラ+ミモザ		■	■	■								
ハナモモ+ミモザ		■	■	■								
ダリア+大麦			■	■	■	■						
モクレン+ユキヤナギ			■	■								
モクレン+トサミズキ			■	■								
アヤメ+大麦				■	■							
ミモザ+ユーカリ				■	■							
シモツケソウ+ユーカリ					■	■						
パンパスグラス+ユーカリ					■	■	■					
ケイトウ+ドドナエア						■	■					
ユーカリ+マユミ											■	■
スイセン+ドドナエア	■											■
ロウバイ+ツバキ	■											■
ロウバイ+ナンテン	■											■

ツバキは「乙女椿」「太陽」、サクラは「河津桜」「横浜緋桜」「御殿場桜」「プリンセス雅」「陽光」、ハナモモは「矢口」「源平」、ユーカリは「銀世界」「グニー」、ロウバイは「満月蝋梅」など
直売所では単品よりも2種類以上のセットにしたほうがよく売れる。お客さんに飽きられないよう、その都度組み合わせを変える。花持ちがよいもの同士を束にするのがポイント

1 マユミとドドナエアを一緒に束にしてラッピング。その時期にある枝ものや切り花を組み合わせる（S）
2 ユーカリとドドナエアのセット。多いときは1束300円で1日80束売れる（S）

枝ものだけの花束（8月撮影）。色や雰囲気が多様で季節感を表現する面白みがある。品目は、葉の先端が赤色がかったナツハゼ（奥）、銅葉のアメリカテマリシモツケ（右）、黄緑が目に鮮やかなユキヤナギ（手前）、シルバーがかった色合いが新鮮なヤナギバグミ（左）

枝ものはなぜお客さんにも農家にも人気なのか

●桐生 進

現在〝枝ものブーム〟真っ最中。何でも、枝ものは需要があるだけでなく、出荷する農家にとっても面白さがあるという。その理由を、花き業界のトレンドに詳しい㈱大田花き花の生活研究所の桐生 進さんに教えていただいた。（編集部）

今のトレンドは「自然」と「直線」

花きについてもファッションのようなトレンド（流行）が存在する。

１９８０年代から１９９０年代初頭では、日本経済バブル期を背景に自然にはない人工的な形のフラワーデザインが流行だった。左右対称に生けられたカーネーション、強く直線的な草姿のグラジオラス、それらの隙間を満遍なく埋めることができる葉ものや小花のカスミソウが配置された。この人工的なデザインの時代は１９９９年に終焉を迎え、正反対の時代に入った。

１９９９年以降は経済的に景気後退に突入した時期であり、花は大輪でゴージャスな雰囲気が流行の中心となる。フラワーデザインはラウンドブーケというドーム型の構成が主軸で、デザインを構成する素材は大輪のダリアやシャクヤク、そしてアジサイだ。この時代ではとにかく大きくて花びらが吹きこぼれんばかりに多く、花弁がフリルがかった豪勢な品種が評価された。こ

流行のサイクル（株式会社感性リサーチの理論を基に作成）

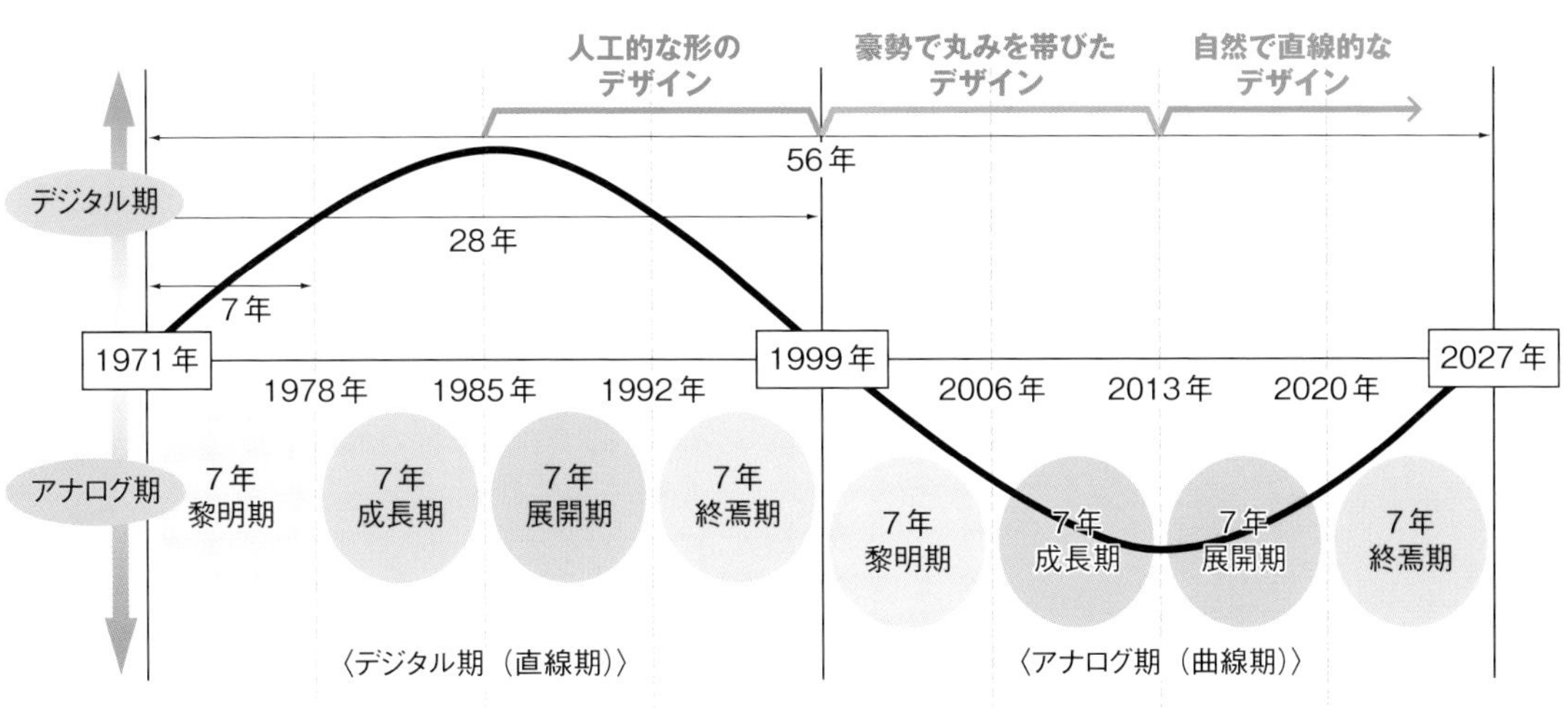

トレンド変化のイメージ。7年ごとに人間は飽きが来るため、7年間隔でトレンドに変化が起きる

年代ごとのフラワーデザインの変化

1990年代

婚礼式場の装飾

2000年代

ラウンドブーケ

2013年以降

自然なデザインの花束

のトレンドが2013年にふたたび転換期を迎え、それまでの豪勢で丸みを帯びた雰囲気とは真逆へと変化した。

現在のトレンドの中心は、小輪や野趣あふれる素材に変わった。花束デザインにおいても、丸いラウンド型から縦方向にすらりと伸びた直線的なスタイルが取り入れられた。そこへ、露地自然環境で生産される直線的な素材として、枝ものの活躍の場が拡大してきたと考えている。特にここ数年は、コロナ禍での外出規制があったためか、自然への渇望欲をかきたてるようなものとして、枝ものに需要が集まっているのではないだろうか。

枝ものの作付け面積は減っていない

ところで枝もの（切り枝）とは、木本性の植物全般をさす。枝ものの出荷には、毎年伸びた分を出荷する場合と数年かけて伸びた枝を出荷する場合とがある。どちらにしてもまずは数年かけて木を育てることから始まる。多くは露地の圃場で栽培され、ある程度広い空間と時間が必要となる。限られた面積で効率よく栽培する切り花とは、枝ものの生産はやや異なる。出荷も、枝ものには極端な繁忙シーズンがない。切り花との一番の違いは、収穫物が軽く、歳をと

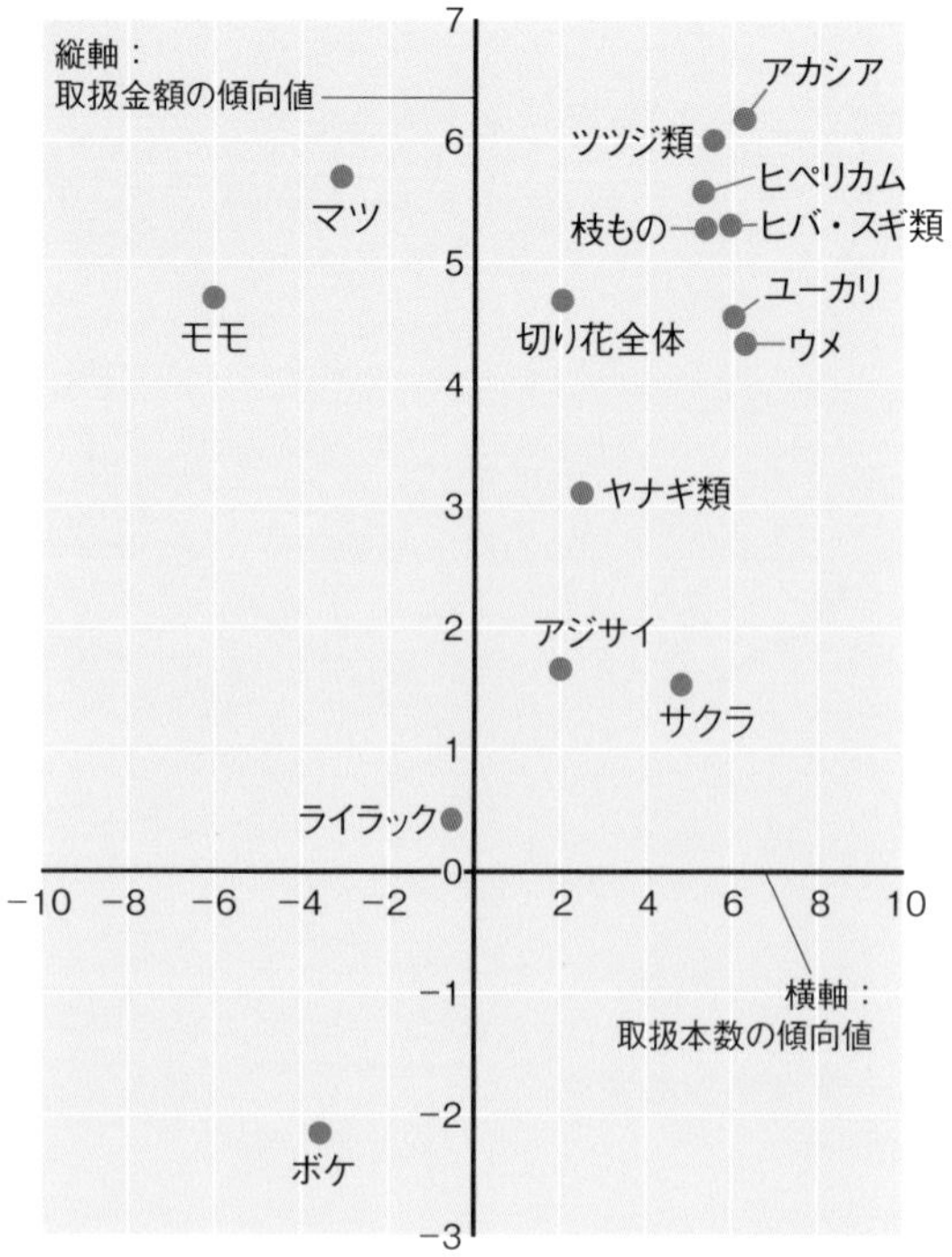

大田花きにおける切り枝の取扱動向を分析したグラフ。2018年から2022年までの5年間での変化。右の品目ほど取扱本数が上昇し、上の品目ほど取扱金額が上昇している。流通量の少ない品目はまとめて「枝もの」としている。多くの品目が、本数・金額ともに増えている

国内の主要な切り花の作付け面積の変化

作付け面積（a）	2019年	2022年	19年に対する22年比（%）
切り花全体※	1,380,000	1,297,000	94
キク	449,000	409,200	91
輪ギク	230,600	–	–
スプレーギク	71,200	–	–
小ギク	147,300	–	–
カーネーション	27,100	23,700	87
バラ	30,200	26,900	89
リンドウ	42,200	39,600	94
シュッコンカスミソウ	19,400	19,500	101
洋ラン類	11,900	–	–
スターチス	17,000	16,600	98
ガーベラ	8,200	7,500	91
トルコギキョウ	42,400	39,200	92
ゆり	69,300	63,500	92
アルストロメリア	7,940	8,050	101
切り葉	60,900	56,400	93
切り枝	362,000	358,900	99

※切り花全体は主要品目以外も含む

農林水産省の切り花品目別作付け統計データを、2019年と2022年とで比較した表。作付け面積が10%以上減少する切り花がある中で、枝ものはほとんど変化していない

っても取り組みやすいことだろう。枝もの生産が人気なのもうなずける。

右上の表は、２０１９年と２０２２年の農林水産省の切り花品目別作付け統計データを比較したものだ。

枝もの（切り枝）の作付け面積は拡大していないが、ほかの花が軒並み生産も供給も減少しているため、枝もののシェアが相対的に上がっていることがわかる。

枝ものの取扱金額は上がっている

枝ものの生産面積は変わらなくても生産品目は一部入れ替わりながら、ユーカリやアカシアなど現代的な商品が次々と投入されている。

左上の図は、大田花きの取扱データを基に、切り枝の流通動向を表したグラフだ。横軸が本数、縦軸が金額で、２０１８年から２０２２年までの過去５年間の変化を示している。本数・金額ともに増加している品目ほど右上にある。

アカシア、ツツジ類、ユーカリ、ヒバ・スギ類など、多くの品目が金額・本数ともに増えていることがわかる。マツやモモのように需要はあるが品薄の商品もある。大田花きのデータを基に全国の傾向もそうだとは決めつけられないが、聞く限りでは、各消費地とも同様に、ほぼすべての枝もの

に需要があるとみている。それも、最新品目に限ったことでなく、従来から生産されてきた枝ものの需要も高い。そうした商品は栽培技術なども習得しやすい。

枝ものの流通
―季節の変化を演出する―

枝ものには、栽培する楽しみもある。そのおもしろみについて紹介したい。

ひとつは季節ごとに求められるテーマが変わるので、その季節に合った品目を選んだり作付けたりできること。2つ目は、同じ品目でも季節によって変わる姿をそのまま提供できることだ。

1月と2月には芽吹きものと呼ばれる枝ものが求められる。アジサイやヒメミズキなどが葉のついていない状態で売られている。これらは屋内の暖かい場所に飾ると、さっと葉が芽吹いてくるので、早春の演出に欠かせない。

3月以降になると葉のついた枝ものが増える。新緑を求めてアウトドアイベントが増えるように、生花店ではこぞって新緑の枝ものを飾り、木漏れ日の演出などに精を出す。ドウダンツツジなどがよく使われるが、主に山から切り出してくるので生産するのはやや難しい。別の商品で木漏れ日を演出できるときっと人気が出るだろう。

5月の初夏になると、花をつけた枝ものが出回る。最近はコバノズイナ（ヒメリョウブ）と呼ばれるブラシ状の白い小さな花穂を多数つける商品が増えている。個性的なところではスモークツリーという煙のようなモクモクとした花をつける枝ものも、この時期から流通する。

夏に入ると実ものが出回る。カシス、ナナカマド、ビバーナム、ナツハゼ、ノバラ、ムラサキシキブ、ヒペリカムなどだ。実が落ちない性質があれば、青い実から赤く色づくシーズンまで長期間流通することもできる。

そして秋には紅葉もの。ヒペリカムやブルーベリーなど。紅葉ものは全体が一様に赤く染まったものもよいが、まだらに色が入ったものもおもしろい。ワインレッドカラーの葉をつけるアメリカテマリシモツケなども季節感の演出に使いやすく最近人気だ。

冬に向かって葉が落ちると、サンゴミズキのような幹の美しい枝ものが登場する。

このように四季折々の品目を多種類栽培してもよいが、同じ品目を季節変化に合わせさまざまな表情で出荷してもよい。たとえば国産のヒペリカムは葉が茂った状態、実がついた状態、葉がやや紅葉した状態と、3シーズン出荷できる。

季節ごとの変化と季節の表現を、市場や消費者は求めている。枝ものはその期待に対してさまざまな提案ができるおもしろい品目だ。ぜひ、多くの方に枝ものの生産にトライしていただきたいと思う。

㈱大田花き花の生活研究所

枝ものを暮らしに取り入れる

ドウダンツツジは大きな姿でオフィスや家庭のリビングに飾られることがある（写真提供：緒方渉（青山フラワーマーケットたまプラーザテラス店）、下も）

窓辺に生けられたフサスグリ（左）とサンキライ（右）

枝ものの種類と取り入れ方

まとめ●編集部

参考・『新特産　枝物』船越桂市 編著、『農業技術大系花卉編』農文協編

花もの（ロウバイ）

葉もの（ユーカリ）

実もの（サルトリイバラ）

枝もの（ニシキギ）

葉もの（紅葉もの）アカメガシ

（ユーカリ、ロウバイ、アカメガシは写真：佐藤和恵）

枝ものにも種類がいくつかある。ここではどこの部分を主に観賞するかで分けた種類と、それらがどんな気象条件に向くかについて紹介する。

観賞部位による分類

枝ものは、華道やフラワーアレンジメントで利用する人だけでなく、市場や農家などの間でも、観賞する部位によって分類することが多い。

ただし、品目ごとに一対一で決まっているものではなく、たとえば同じブルーベリーでも実がついていれば実もの、実がついていなければ葉ものと、出荷・使用する姿によって呼び分けている。この本では、各農家が出荷する荷姿や使用される代表的な姿によって分類している。

また、枝ぶりそのものに観賞性があるものを、狭い意味での「枝もの」としている。

葉もの　葉を対象に出荷する枝もの。紅葉、新芽を出荷するものもある。

花もの　花を対象に出荷する枝もの。

実もの　果実を対象に出荷する枝もの。未熟の状態で出荷するものもある。

枝もの　枝ぶりそのものを観賞する枝もの。

色でわかる冬の気温からみた枝ものの地帯適性

種類	暖地	中間地	寒冷地
促成花もの			
コデマリ			
サクラ			
サンシュユ			
ツツジ類			
トサミズキ			
ニワウメ			
ハナウメ			
ハナズオウ			
ハナモモ			
ヒュウガミズキ			
ボケ			
マンサク			
モクレン類			
ユキヤナギ			
ライラック			
レンギョウ			
促成葉もの			
キンバコデマリ			
フイリガクアジサイ			
イタヤカエデ			
キイチゴ			
露地花もの			
エリカ			
キブシ			
ギョリュウバイ			
ギンヨウアカシア			
スモークツリー			
ツバキ			
トキワガマズミ			
バイカウツギ			
ビブラヌム・スノーボール			
ボタン			
ロウバイ			
ワックスフラワー			

種類	暖地	中間地	寒冷地
露地葉もの			
イボタ			
エニシダ			
オウゴンクジャクヒバ			
キソケイ			
キャラボク			
ギンコウバイ			
キンポウジュ			
サカキ　ヒサカキ			
シキミ			
シノブヒバ　ヒムロ			
スギ類			
チョウセンガヤ			
ツゲ			
ニシキギ			
ハナダケ			
ヒイラギナンテン			
ビャクシン類			
マサキ			
マツ			
メラリウカ			
ユーカリ			
実もの			
アオモジ			
ウメモドキ			
コムラサキ			
センリョウ			
ツルウメモドキ			
ナナカマド			
ナンテン			
ヒペリカム			
枝もの			
ヤナギ			
サンゴミズキ			

注）青　よく生育し切り枝品質がよい
橙　微気象を利用すれば栽培できるが生育量や切り枝品質に問題あり
赤　高温、低温で株枯れのおそれ、切り枝品質がおとる
ただし、静岡県での適性にもとづく

（『新特産　枝物』船越桂市　編著より、一部編集部改変）

気象条件ごとの枝ものの取り入れ方

現在日本で栽培されている枝ものの多くは亜熱帯あるいは温帯地域原産で、耐寒性に欠けるものが多いため、冬の低温によりもっとも大きな障害を受ける。

上の表では、冬の気温から日本を3つの気温帯に分けて、それぞれの地域ごとに品目の適性をまとめた。

3つの気温帯は以下の通り。

暖地　1月の平均気温が5℃以上、最低気温がマイナスになる日がきわめてまれな地域。千葉県以南の太平洋沿岸がこれにあたる。温州ミカンが経済栽培されているか否かが指標になる。

中間地　1月の平均気温が3〜4℃で、1月に結氷する日が多い地域。指標植物は甘ガキで、渋が抜けにくい地帯がこれにあたる。埼玉県、群馬県、福島県の平坦地、および中部地方以南の内陸部で標高300mくらいまでのところが対象になる。

寒冷地　1月の平均気温が1〜2℃で、12月以降は結氷する日が多い地域。群馬県、長野県、岐阜県などの標高300〜600mの高冷地をさす。標高1000mくらいまでが栽培限界とされる。

写真で見る　枝ものの栽培の基本

参考・『新特産　枝物』船越桂市　編著、『農業技術大系花卉編』農文協編、『農業技術事典』農研機構編著

枝ものの主な管理作業

4月　5月　6月　7月　8月　9月　10月　11月　12月　1月　2月　3月

整枝・せん定

「まっすぐ」「枝分かれしている」など、求められる枝ぶりや花付きになるように

防除

病害虫にやられないように。自然の状態では病害虫にやられなくても、栽培すると被害が出やすい

収穫・出荷（摘葉・促成）

種類による束ね方や水揚げのやり方がある。生け花の旬に合わせて開花を早めることもある

施肥

枝の伸びと量を確保するなら、肥料は必要

ユーカリの整枝。6月に主幹から出た主枝の中から2本程度を支柱に誘引し、側枝の生育を促す（大村健二郎さん、32ページ）

ミモザアカシアの収穫。枝を約50㎝の長さで切る。枝数が多いので、売り物がたくさんできる（前川俊雄さん、48ページ、写真：佐藤和恵）

繁殖・苗づくり

枝ものを栽培するなら挿し木などで本数を殖やす必要がある。切り枝に使う種類には、種苗特許を持つものがほとんどみられないため、自由に繁殖できる。

繁殖方法には実生、挿し木、接ぎ木、株分け、取り木とさまざまな種類があるが、圧倒的に挿し木が多い。

実生　種子から発芽させる方法。挿し木や接ぎ木が困難な種類に利用されるが、親と同じ形質が得られにくい。

挿し木　枝を用土に挿して発根させ、新しい株を得る方法。

接ぎ木　増殖したい植物の枝をほかの植物の枝と接着させ、新しい個体を作る方法。増殖したい植物の枝や芽を穂木、新しい植物を支持する地植えの部分を台木という。

株分け　新梢の基部や根の不定芽、根茎などを分ける方法。能率は悪いがもっとも安全な増殖法。

取り木　枝の途中から根を出させ、そこで切り取ることで新しい株を得る方法。

そのほかの方法　根の一部を切って埋め、萌芽させる根伏せ法、茎頂分裂組織を無菌培養するメリクロン法などがある。

枝もの類の主な繁殖方法

種類	実生	挿し木	接ぎ木	株分け	取り木
促成花もの					
コデマリ		◎		○	
サクラ		○	◎		
サンシュユ			◎		
ツツジ類		◎		○	
トサミズキ		◎		○	
ニワウメ		◎			
ハナウメ			◎		
ハナズオウ	◎				
ハナモモ			◎		
ヒュウガミズキ		◎		○	
ボケ		◎		○	
マンサク		◎			
モクレン類			◎		
ユキヤナギ		◎		○	
ライラック			◎		
レンギョウ		◎			○
促成葉もの					
キンバコデマリ		◎			
フイリガクアジサイ		◎		○	
イタヤカエデ	◎				
キイチゴ		◎		○	
露地花もの					
エリカ		◎			
キブシ		◎			
ギョリュウバイ		◎			
ギンヨウアカシア	◎	◎			○
スモークツリー	◎				
ツバキ		○			
トキワガマズミ		◎			
バイカウツギ		◎		○	
ビブラヌム・スノーボール		◎			
ボタン			◎	○	
ロウバイ	◎		◎		
ワックスフラワー		◎			

種類	実生	挿し木	接ぎ木	株分け	取り木
露地葉もの					
イボタ		◎			
エニシダ		◎			
オウゴンクジャクヒバ		◎			
キソケイ		◎			
キャラボク		◎			
ギンコウバイ		◎			
キンポウジュ		◎			
サカキ　ヒサカキ	◎	○			
シキミ	◎	○			
シノブヒバ　ヒムロ		◎			
スギ類		◎			
チョウセンガヤ		◎			
ツゲ	○	◎			
ニシキギ		◎			
ハナダケ				◎	
ヒイラギナンテン	◎			○	
イブキ		◎			
マサキ		◎			
マツ類	◎		○		
メラリウカ		◎			
ユーカリ	◎				
実もの					
アオモジ	◎				
ウメモドキ	○		◎		
コムラサキ	◎	○			
センリョウ	◎			○	
ツルウメモドキ		○		◎	
ナナカマド	◎				
ナンテン	◎	○		◎	
ヒペリカム		◎		◎	
ホーリー		◎			
枝もの					
ヤナギ		◎			
サンゴミズキ		◎			

◎よく行なわれる　○ときどき行なわれる

（『新特産　枝物』船越桂市　編著より、一部編集部改変）

アカシアの苗。アカシアは採種してまいて苗で殖やす（西宮哲也さん、94ページ）

挿し木のやり方

～アジサイを例に～

茨城●柳下満里子さん

1挿し穂になる若い枝を切る。長さは約10㎝　2先端側の葉を1、2枚残し、葉を半分に切る。葉からの蒸散を抑えるため　3基部側（挿すほう）の切り口を斜めに切る。水分を吸収する面積を増やすため　41～2時間、水に浸ける　5発泡スチロールの箱に砂と鹿沼土を入れ、水をかけ、挿す。その後もたっぷり水をかける（写真はすべて田中康弘）

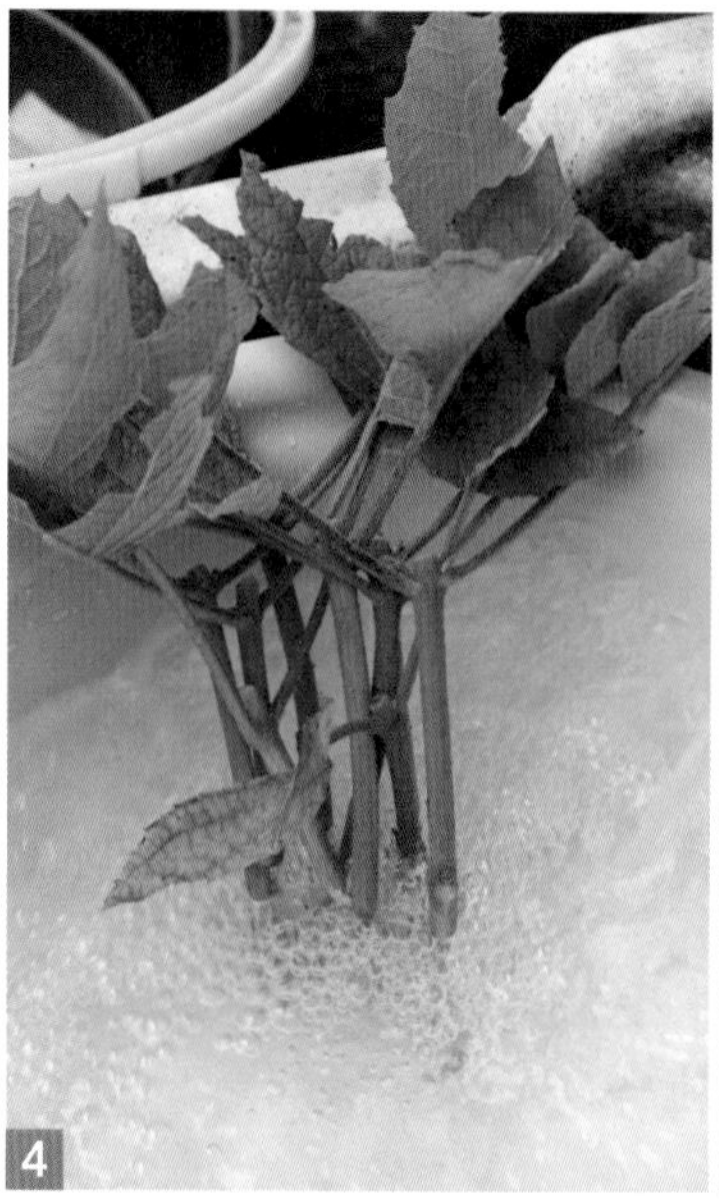

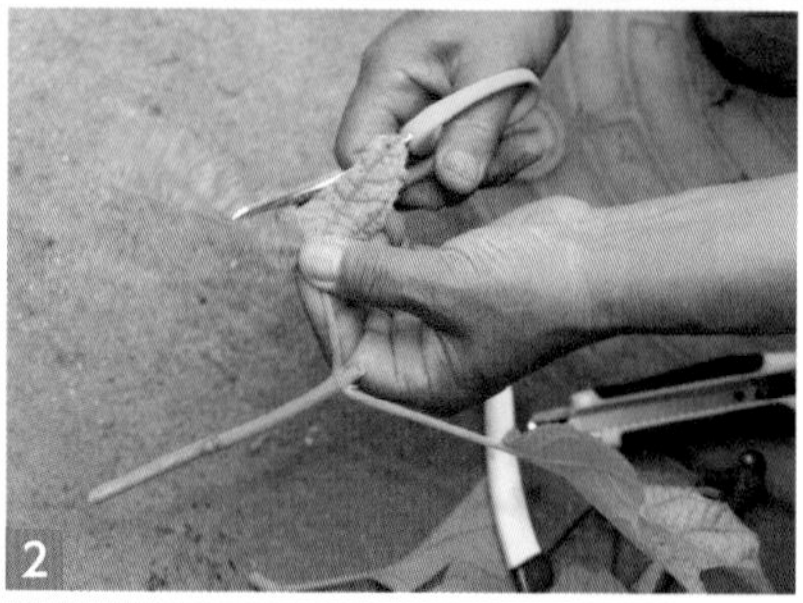

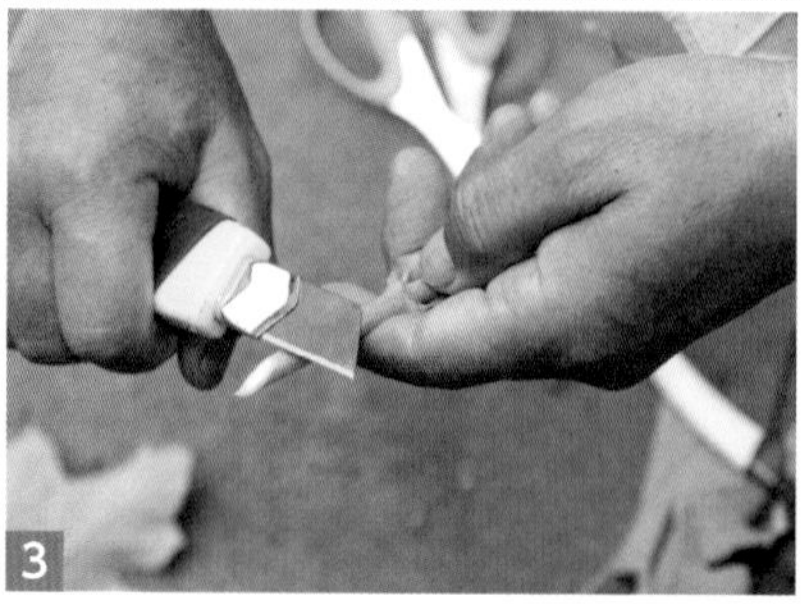

柳下満里子さん。挿し木や取り木で花や野菜を殖やして直売所に出荷している（写真：依田賢吾）

接ぎ木の適期と台木

種類	方法	時期	台木
サクラ	切り接ぎ	3月中旬	挿し木のアオハダ桜1年生、ただしヒガン桜、ジュウガツ桜ベニシダレは挿し木のヒガン台
ハナウメ	〃	3月上旬	挿し木のヤバイ、ナンバー1～2年生
ハナモモ	〃	〃	実生モモ1～2年生
バラ	〃	1・2・8月	実生野バラ1～2年生
ボタン	〃	9月中旬	実生ボタン6～7年生、株分けの正木ボタン、シャクヤクの根
フジ	〃	3月下旬	ヤマフジ台
カイドウ	〃	3月上旬	セイシカイドウおよびズミ根伏せ2年生
ライラック	〃	3月上旬	ライラック実生2年生またはオオバイボタの挿し木2年生
ゴヨウマツ	割り接ぎ	2月下旬	実生クロマツ2年生
ツバキ	呼び接ぎ	4月中旬	実生または挿し木のサザンカ、挿し木のヤマツバキ、ウスオトメ3年生、切り接ぎでも活着する
ソシンロウバイ	〃	3月下旬	挿し木のワロウバイかダンコウロウバイ2年生
モクレン	〃	〃	実生コブシ2～3年生
姫コブシ	〃	〃	〃
カエデ	〃	4月上旬	実生ヤマモミジ3～4年生

（『新特産　枝物』船越桂市　編著より、一部編集部改変）

肥培管理

枝ものは無肥料で栽培できる場合もあるが、経済寿命を延ばすためには施肥したほうがいい。

施肥時期は、おおざっぱにいって基肥を12～3月の間に、追肥は4～9月の間に分施する。基肥は堆肥、鶏糞などの遅効性肥料にリン酸、カリを加え、追肥は窒素を多くする。ただし、窒素の肥料切れが遅れると新梢の生育がいつまでも止まらず、切り枝できる時期が遅れてしまう品目もある。また、夏の乾燥防止にできれば敷ワラをしたい。

施肥の方法は、ウネ間や株元にばらまき、あるいは溝施用とする。施用後には土と混和する。

病害虫防除

主な病害虫と防除法について紹介する。

株枯死病　切り枝量が多すぎたり、せん定が強すぎたり、排水不良である場合などに発生する。原因を確かめ、対策を考える。

地際や根の病気　白紋羽病、根頭がんしゅ病、白絹病など。発生すると病株を抜き取る必要がある。常発地では土壌消毒をしてから植え付ける。

葉や花、茎の病気　さび病、斑点病、うどんこ病、炭疽病など。落葉、落花、しみなどの原因となる。早めに薬剤散布する。

ハダニ　4～9月、多くの種類に寄生する。殺ダニ用液剤または土壌施用剤で防除する。

アブラムシ　3～9月、多くの種類の新梢や若葉の裏に寄生。液剤または土壌施用剤で防除する。

ケムシ類　ウメ、モモ、サクラ、マツなどに見られる。若齢幼虫のうちに防除する。

ハマキムシ　多くの樹種に寄生。巻いた葉の中に虫がいるので、5日おきに2～3回液剤を散布する。

シンクイムシ　ツツジ類、モモなどに発生。薬剤で防除するほか、モモではフェロモン剤を利用して誘殺する方法もある。

これらのほか、カミキリムシ、スリップス、オンシツコナジラミなどの加害も見られる。

促成

サクラやモモ、アカシアなどでは、生け花の旬や、物日に合わせるために花ものを促成して出荷する場合もある。温室や促成室を用いるほか、テレビの熱や風呂の残り湯などを利用して加温する農家もいる（11ページ、65ページなど）。

サクラ

雪国で、ミニ温室で冬に咲かせる

福井●今村進

ケイオウザクラの枝を雪のある時期に開花できたらと考え、高さ2m、幅2m、奥行き1・2mのミニ温室を作りました。室内では使用しなくなった育苗器の加温ヒーターを利用しています。真冬の1月でも十分開花させられるようになり、直売所や土産店で販売したところ、冬場の花のない時期なのと、気温が低いため日持ちすることもあって大変好評でした。

開花には、8℃以下で500時間以上の休眠が必要とされるので、休眠が終わる1月の初めから収穫。出荷時期をずらすために、3～4日おきに200本ほど約20℃の温室に入れます。14～16日間で開花が始まります。1月下旬から3月中旬まで、約2000本の枝を順次出荷しています。

（福井県大野市）

開花したケイオウザクラ
（写真：PIXTA）

出荷

　枝ものは品目が多く、統一した荷姿には決められないため、農水省で決めた全国の出荷基準はない。同じ品目でも、地域や部会によって出荷方法が異なる場合もある。

　ここでは、出荷方法の一例を出荷先とともに紹介する。

出荷方法の例

ケイオウザクラをサイズごとに束ねて直売所や土産店へ出荷（今村 進さん、27ページ）

マユミ、ドドナエア、ユーカリの花束をスリーブに入れて直売所へ出荷（前川俊雄さん、17ページほか、写真：佐藤和恵）

ミモザアカシアをELFバケット（繰り返し使用できる輸送容器。輸送中の鮮度保持やコスト削減が可能）で市場へ出荷（西宮哲也さん、97ページ）

ユーカリを5本束ねて段ボールに10束ずつ詰めてJAへ出荷（山本法秀さん、87ページ）

ハナモモをスリーブに入れてJAへ出荷（石川幸太郎さん、109ページ）

第2章 売れる枝もの図鑑

売れる枝ものが、
どんなところで育ち、どう利用されるのか。
それぞれの枝ものの自己紹介。

葉もの

ユーカリ

分類 フトモモ科ユーカリ属
生育地 暖地〜中間地。適地は日当たりや風通し、水はけのよい場所
特徴 葉の形や色、大きさなどは品種によってさまざま。葉枯れや株枯れの発生が多い
枝ものとしての利用 フラワーアレンジメントやドライフラワー、ブーケの花材として需要が伸びている。枝を束ねて吊るすスワッグ（壁飾り）も人気
出荷時期 一年中

直売所で人気のある「銀世界」。銀色を帯びた厚くて丸い葉が特徴（写真はすべて佐藤和恵）

一年中販売できる

静岡●前川俊雄

インパクト大の組み合わせ

私がつくっているユーカリは、マルバやグニー、ニコリーなど何種類かありますが、中でも「銀世界」が一番人気。丸くて大きな銀葉が美しく、いい香りがします。

ユーカリだけでは地味ですが、ほかの花や枝と組み合わせると、直売所でよく売れます。たとえば、七夕では40〜50㎝のユーカリ３本と１ｍのパンパスグラス２本で、１束３００円。ユーカリの銀葉とパンパスグラスの銀穂（剥き穂）が美しく輝き、売り場が明るくなります。インパクトがものすごく、お客さんはしばし見とれています。このほか、夏はブルーベリーの枝、クガイソウ、ダリア、ケイトウ、キンギョソウ、ミソハギなどとセットにしています。

ユーカリは1月の正月、3月の春の彼岸、4〜5月の祝日、7〜8月の新盆と旧盆、9月の秋の彼岸、12月の年の暮れなど、一年中売れます。

日当たりのよい暖かい場所で栽培

ユーカリは冬期の低温に弱いので、温暖

枝を切り戻し、低樹高に仕立てた樹。切り口（矢印）のまわりから枝がたくさん出て、収穫が効率的

ユーカリの防除

防除時期	対象病害	殺菌剤
6月中旬	斑点性病害	Zボルドー
	灰色かび病	ポリベリン水和剤
7月中旬	斑点性病害	ベンレート水和剤
8月下旬		ペンコゼブ水和剤
9月中旬		ベルクート水和剤
9月下旬		トップジンM水和剤

このほか、太枝を切った場合は、枯れ込み防止で切り口にトップジンMペーストを塗布。害虫の発生は少なく、アブラムシやアオムシ、シャクトリムシなどが気になったときだけ殺虫剤を散布

な畑で栽培しないといけません。私も試作中、幾本も枯らしてしまいました。また、水持ちも水はけもよく、地力のある土地でないと、枝を収穫したあと、樹が弱るおそれがあり、寿命が10年ほどしか持たない場合もあります。冬に寒風があまり当たらない、太陽光を抱き込むような畑で栽培してください。平地でも構いませんが、温暖で日当たりのよい傾斜地が最適です。

苗木を植えるときは、樹間3mで通路を4mとります。生長がとても早く、枝が年に2～3mも伸びるので、最初の10年間は台風を避けるため、支柱を立て、四方からハウスバンドで固定。そうしないと、根元から折れることがあるので注意が必要です。10年以上経つと、倒伏しなくなります。

枯れやすいので防除を徹底

枝を収穫するようになったら、約2年に1回、地上1・5mほどに切り下げます。そうすると樹が小型になって、作業しやすくなります。枝が多く出て、それらをすべて販売できます。あるいは大木にして、梯子で登って腕ぐらいの太さの枝を切って下に落とし、あとで側枝ごとに切り分けて収穫する、というのもひとつのやり方です。

枝の切り口には薬剤を塗布します。菌の侵入を防ぎ、立枯病から樹を守ってください。また、ユーカリは病気に弱く、突然枯れることもあるので、定期的に殺菌剤を散布します。その際、展着剤を混用。ユーカリの葉は油分が多く、薬剤を弾きやすいからです。特に雨が続く場合は、葉の表にも裏にもていねいに散布してください。

多くの枝を収穫するので、肥培管理も重要です。10a当たり有機化成を3月に80kg、7月に40kgまきます。

枝は一年中販売していますが、夏に気温が高いときは、出荷前にしおれるおそれがあります。そこで、収穫したら畑に置いた水槽（雨水を溜めた廃品の浴槽）に枝を横向きに入れて水没させておきます。木陰でラジオを聞きながら素早く荷造りし、そのまま直売所に持っていきます。

（静岡県静岡市）

ユーカリと合わせるパンパスグラス。まっすぐ伸びた茎にフサフサした花穂がつき、見ごたえがある

ユーカリ

主枝出しより、ラクで儲かる側枝出し

静岡●大村健二郎さん

ユーカリは短いのがいい!?

ユーカリはドライフラワーやアレンジメントの花材として今や欠かせない品目。お洒落な店先などに長さ40cmほどのユーカリを5本くらい束ねて吊るすスワッグ（壁飾り）もよく見かける。

このユーカリを、多くの産地では主枝を長さ115cmクラスの2L規格に束ねて出荷するのが基本になっている。しかし、枝ものの需要がこれまでの華道やブライダル向けなどの業務用から、一般の家庭で日常的に愉しむよう変わってきているのを受けて、静岡県の大村さんは5年前からコンパクトな50〜80cmサイズ中心のユーカリを「側枝出し」でスタートさせた。すると、これが当たったのである。

出荷調製がラク、単価も取れる

側枝を出荷するユーカリの形状は、「1本棒タイプ」と「分枝タイプ」（下図）。どちらも長さ50〜60cm程度の枝だ。このサイズの収穫で大村さんがまずよかったと実感したのが、出荷調製作業がラクなこと。この短いサイズのユーカリだと、10本ずつゴムで束ねて箱に並べて2段に詰めていくだけでいい。

また、1箱当たりの価格が取れるという。2Lに比べて50〜60cmサイズは1本当たりの単価は6割程度になってしまうが、1箱には8倍ほど入るから1箱当たりの単価では1・6倍ほどになる。しかも、こちらは1輸送当たりの箱数も稼げる。

ところで、2L出し（主枝出荷）と、この側枝出し。じつは、長い枝のまま出すのと、側枝を切って出すのと、違いはそれだけではない。仕立て方、防除などの株管理に、コツも技術もある。

手頃な側枝をたくさんとる仕立て

仕立て方は、慣行と大きく異なる。3月に主幹の台を30cm程度で一斉に台切りするところまでは一緒だが、それ以後、慣行の場合は、台から発生する枝（主枝）はそのまま伸ばし、100cm以上になった7月頃から順次収穫する。

これに対し大村さんは、6月に入ったら主枝を2、3本選んで支柱に誘引。こうすることでその主枝は2m以上に生長し、何十本と手頃な側枝をつける。これ以外の台から伸びる枝は4〜6月に15〜20本くらいに整理し、7月頃から順次収穫する。8月のお盆以降、長く伸びた主枝を主幹から切り倒し、ついている側枝をせん定バサミで切り落とし収穫していく（次ページ図）。

側枝出しのユーカリの形状
（50〜60cm規格の場合）

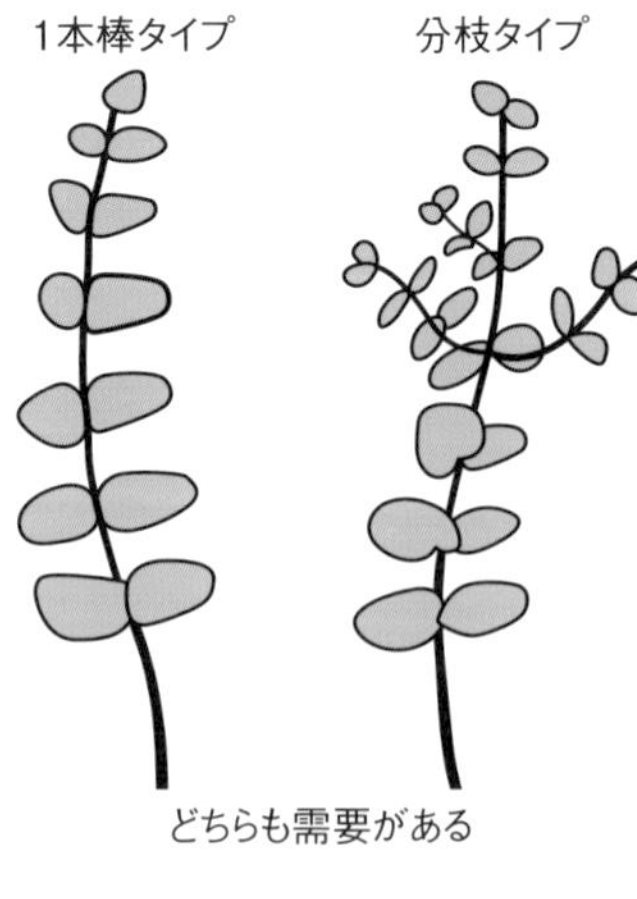

病害に負けない樹勢、株管理

ユーカリ栽培で一番気を遣うのは病気だ。害虫は少ないが、黒斑病などが発生すると

ユーカリの仕立て方のイメージ（定植後２年目以降）

大村さん	慣行

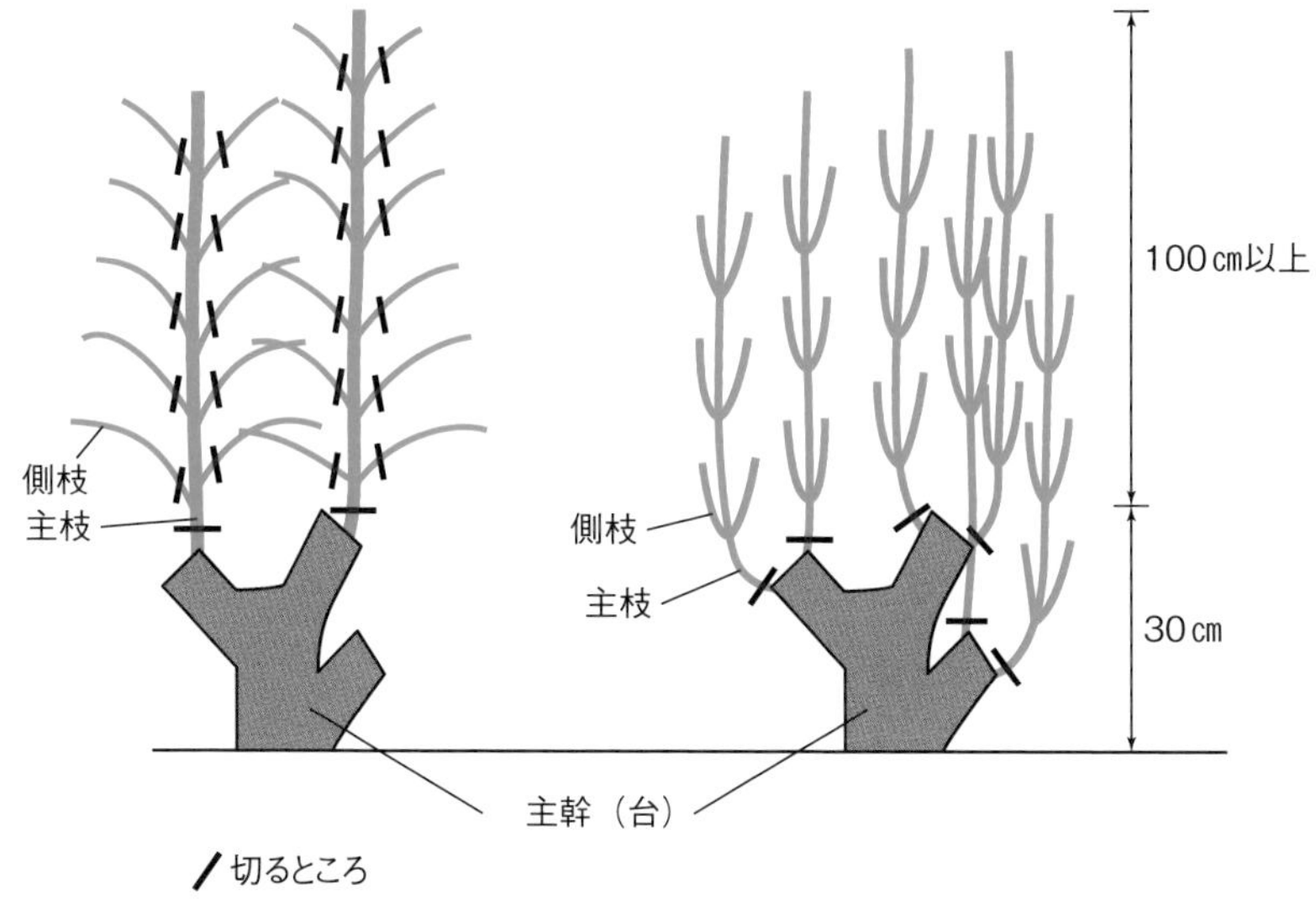

大村さん 50～80㎝規格　品種：マルバ	慣行 2L規格　品種：グニー
①3月に主幹の台を30㎝に調整（台切り） ②4～6月に主枝を15～20本になるよう芽整理する ③6月に主幹から出た主枝2、3本を支柱に誘引（図は支柱と誘引していない枝を省略） ④8月のお盆以降、主枝および誘引した主枝から出た側枝を順次収穫する ⑤側枝収穫だと1本の台木から30～40本出荷できる	①3月に主幹の台を30㎝に調整 ②7月頃から主枝を順次収穫する ③主枝収穫だと1本の台木から20本ほど出荷できる

1大村健二郎さん。ユーカリ30aのほか、サクラ、草花類、ナス、イネ、ミカンなどを栽培。現在、JA静岡市・サクラ部会の部会長
2大村さんが栽培する、側枝出しに向くユーカリ品種（系統）。左から、パルブラ、マルバ、ニコリー
32L用の大箱（左）と大村さんがよく使う1号箱

商品にならない。そのため、10日に1回程度、ベンレートなどの薬剤を散布するのが一般的だ。

しかし大村さんはウネ間を3mと広く取り、主枝を2、3本誘引し、4～6月の芽整理を徹底することで、枝葉が込み合わず少ない防除回数で済んでいる。8月の収穫終了まで月に1、2回の防除で大丈夫だそうだ。

また、樹の寿命を延ばすために主幹から伸びる枝を2、3本「同化専用枝」として収穫せずに残している。ユーカリの経済寿命は10年と言われ、それまでに樹が弱って病気などで枯らす人が多い。しかしこの枝を置くことで、大村さんは病害に強い樹勢も維持できている。

（静岡県静岡市）

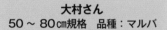

マツ

分類 マツ科マツ属
生育地 北海道～九州。種類により好む環境は異なる
特徴 半落葉の針葉樹で、雌雄同株。ダイオウマツは葉が3本1束で長く垂れ下がり、巨大な松ぼっくりが特徴。樹高は20m以上にもなる
枝ものとしての利用 正月飾り用としての需要が大きく、12月によく売れる
出荷時期 12月

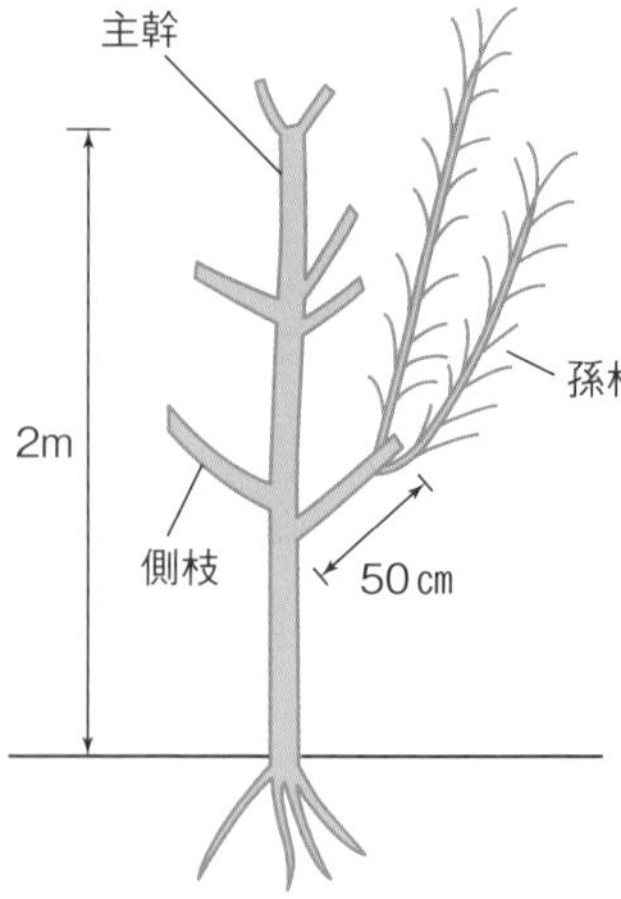

主幹は2m、側枝は50㎝ほどで摘心し、孫枝を伸ばして出荷する

ダイオウマツ畑。2m間隔で50本植えている。挿し木して4年で出荷できる

ダイオウマツの枝を正月飾りに

鳥取●田中正範

水田１６６ａ（うち74ａは転作田）、畑89ａで営農しています。元来不精者なので、手間がかからず、人様がなるべくつくっていないであろうものを少量多品目栽培し、耕作地の維持管理をしています。

20年ほど前、カキ畑のうちの３～４ａが作業に不便だったので、ダイオウマツの挿し木苗を50本購入し、植え替えました。

主幹は高さ２ｍほどで摘心し、側枝を出させます。側枝も50㎝ほどで摘心し、孫枝を出荷します。無農薬・無肥料で、６～７月に適当に余分な芽をかくほか、下草刈りを年３回程度。数年に一度、自家製鶏糞を施肥しています。あとは収穫に１日、出荷調製に２日程度かけるだけです。

販売は、11月末に地元花卉市場と出荷日を調整し、12月上旬に１本40～１００㎝の長さに枝を切って出荷しています。近年の出荷実績は約３００本、金額は約５万円です。以前と比べて単価は２割ほど下がっていますが、それでも年末年始の小遣いくらいにはなるでしょうか。

（鳥取県米子市）

せん定ついでに、ひと稼ぎ

群馬●都丸高宏

大木になったダイオウマツ（写真：田中康弘）

年末に約200本売れる

私が12月下旬に直売所に出しているマツは、葉の長さが20～30cmのダイオウマツという種類です。

このマツ、庭先に植えてからすでに50年が経過して、高さ約12m、幹回り約2mになっています。枝葉が茂ると冬場は日当たりが悪くなるので、正月前にせん定して、その枝を直売所で販売するのです。

せん定ついでですから、長い枝で1m以上、短い枝で30～40cm、横芽のついている枝など多種多様です。大きくて形のいいものや横枝のあるものは約700円、短いものは約200円で、約200本販売しています。

正月が豪華に

あるとき、花屋さんでマツの枝をけっこう高値で販売しているのを見て、ならば安く手軽に若松の代わりに使ってもらえればいいかなぐらいの気持ちで直売所に出してみたのが最初です。はじめはなかなか売れませんでしたが、花瓶に挿した見本を置いたりしてみると徐々に売れだしました。

マツの枝は「花瓶に1本入れるだけでもいいし、ほかの花をちょっと加えるだけで豪華に見えて、これで正月を迎える気分になる」と評判もよく、伊香保温泉の旅館でも使っていただいていると聞きました。わが家では、1・5mほどの枝を門松に使っています。

売るときの難点としては、ダイオウマツはほかのマツより切り口からヤニが多く出るので、枝をそのまま水に浸けて出荷すると水や容器がヤニでベタベタになること。そこで、切り口を紙で包み、小さなポリ袋で覆い、水に浸けずに出荷しています。

（群馬県渋川市）

ドドナエア

分類 ムクロジ科ドドナエア属
生育地 オーストラリア原産で、日本ではまだあまり栽培されていない。とても丈夫で、やせ地でもほぼ放任で育つ。マイナス5℃以下になると枯れるので、冬越しに注意
特徴 樹高1～4m。細長い葉が上向きにつく。葉は春～夏は緑色で、秋になると赤みを帯び、冬になっても落葉しない
枝ものとしての利用 葉の美しさが人気で、ほかの枝ものの引き立て役にもなる。「カラーリーフ」として、庭木や寄せ植えに使われることもある
出荷時期 一年中

ドドナエアの紅葉。細長く、光沢がある(写真はすべて佐藤和恵)

チョコレート色の珍しい紅葉樹

静岡●前川俊雄

見たことのない美しさ

静岡市内の大型花卉市場を見学したとき、ドドナエアの樹を見つけ、とても珍しいと思いました。すぐに園芸店で鉢植えを5鉢買い、畑で試作開始。そのときはまだ枝数が少なかったのですが、春から夏は葉が緑色で、秋から冬になるとチョコレート色に紅葉し、美しいのです。見たことのないすばらしい色でした。

これだ、栽培するぞ、と思い、2019年の春、園芸店で樹高20㎝の鉢植えを400鉢買い、畑に移植。1鉢120円だったので、思ったより安価で出発できました。

生長が早いのが魅力

ドドナエアはオーストラリア原産の花木の中でもつくりやすくて、魅力的だなと思っています。

植付けは3月。植え穴に配合肥料を半つかみ入れ、長さ60㎝のプラスチック支柱に枝を縛りつけます。400本を2日で植え

終わりました。10月には、樹高１ｍで揃っています。

ドドナエアは特に生長が早く、病害虫もつかないので、無肥料・無農薬で栽培でき、植えた年から収穫できます。垂直枝が多く、切るときも荷造りするときも早く効率よくできてラクです。生産性が非常に高く、すごく経済的だと思っています。ただ、低温に弱く、冬に枯れてしまうこともあります。

寒さに弱いので、標高の低い畑で栽培

標高差のある２カ所の畑でドドナエアを試作してわかったことがあります。

自宅は葵区の諸子沢という地区にあり、静岡駅から30㎞入った標高約４５０ｍの山間地です。冬は日照時間が短く、最低気温マイナス７℃が３日続くこともあります。この環境に耐えられない植物は数多くあり、ドドナエアも栽培できませんでした。

一方、自宅から50㎞離れた清水区の港の近くにも標高約１２０ｍの畑があります。そこではドドナエアやユーカリ、ミモザ、サクラ、ハナモモなど低温に弱い花木類、ミカンやクリなどをつくっています。冬も暖かく、寒さがきつくないので、「早出し」がねらえます。

落葉しないから喜ばれる

ドドナエアは一年中葉があるので、いつでも収穫できます。秋に紅葉したあと、長期にわたり落葉せず、春になると緑の葉に入れ替わるという不思議な性質もわかってきました。したがって、お客さんが買って部屋に飾っておいても、落葉で床が汚れずに済みます。水揚げもよく、長持ちします。

ドドナエアは特に12月の暮れからよく売れます。ほかの枝ものと組み合わせてラッピングし、２５０～２８０円の値をつけると、１日50束売れます。１～２月は野水仙とセットにしていて、これも人気があります。販売先でこんなことがありました。お客さんに「聞きたかったのよ、この紅葉は何？」と声をかけていただいたので、「オーストラリア原産のドドナエアで、これからたくさん出します」と返事をしました。また、「こんな花木、見たことないです」という人が多く、「新しい紅葉樹で、珍しくてほかにありません」と答えています。お客さんに喜んでもらうことが枝もの農家の醍醐味です。

（静岡県静岡市）

1植えて1年目の樹で、10月下旬の姿。まっすぐで上向きの枝が無数に出る。1年目から収穫できる　2芯を収穫すると、腋芽が伸びるので、それをまた切る。この繰り返しで、年中販売できる　3ドドナエアとマユミのセットを直売所で販売。お客さんから珍しがられてよく売れる

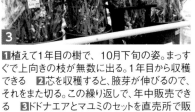

アカメガシ

分類 バラ科カナメモチ属
生育地 日なたを好む。乾燥に強く、土壌は選ばない
特徴 常緑で、新芽（若葉）は赤い。樹は高くなるが、せん定や刈り込みに強い
枝ものとしての利用 生け垣や庭木に利用。新芽が鮮やかで、枝ものとしても売れる
出荷時期 4～7月、9月

アカメガシの新芽は赤くて光沢がある。長さ30～40cmで収穫し、下のほうの緑の古葉は取り除く（写真はすべて佐藤和恵）

挿し木で殖やして長期間売る

静岡●前川俊雄

小豆色の新芽が目を引く

アカメガシ（ベニカナメモチ）はよく住宅の周囲に生け垣として植えられています。静岡市清水区にも、ミカン園の周囲に高さ4mはあろうアカメガシがあり、秋や冬にチェンソーで刈り込むところを見たことがあります。新芽の出る4～7月と9月にはとても美しい風景となり、遠くからでも小豆色の生け垣が目立っていました。

私も15年前、枝を販売する目的でアカメガシを植え、試作をしてきました。小豆色の新芽がとてもすばらしい色合いなので、毎年挿し木をして少しずつ殖やしています。

アカメガシは増殖が比較的容易です。3月に20～30cmの挿し穂を10cmほど埋まるように挿し、3カ月間毎日水をかければ、根付いてよく育ち、翌年の春には植えられます。苗木は買うと高いので助かっています。

防風樹としても活躍

アカメガシは耐寒性があり、長期間低温

1アカメガシとシモツケを組み合わせて売る。赤い葉と緑の葉、白い花の彩りが人気　2果樹園などの端に植えておけば、防風樹としても役立つ

にあっても栽培できます。

また、アカメガシを植えておくと、果樹園の防風樹としても役立ちます。ただし、ほかの防風樹のマキよりも倒れやすく、注意が必要です。大木にすると台風などで倒れるので、切り下げて樹高を2mに抑えます。こうすると直立枝が多く出て、収穫しやすくなります。

新芽が出る時期だけ年3回ほど殺菌剤を散布して、芽枯れを防ぎます。

組み合わせて魅力アップ

収穫は春から秋で、枝が20cm以上伸びてから切り、ほかの枝ものや切り花と組み合わせて販売しています。ハナムギ、アヤメ、アジサイ、ダリア、ユリ、ドドナエア、ユーカリ、フウセンカズラなど、その時期その時期で多種類の花束を作るのです。アカメガシと緑色の葉の花卉類はよく合います。

アカメガシの小豆色の新芽は売り場でも目立ち、お客さんも目に留めることでしょう。これから先、多く扱っていきたい品目です。

（静岡県静岡市）

サカキ

分類 ツバキ科サカキ属
生育地 日本の中部以南、台湾、中国。暖地のやや湿った肥沃な土地を好む
特徴 常緑の高中木で、葉は革質。白色の花が6月に咲き、12月頃黒色に熟す
枝ものとしての利用 神事に用いられ、毎月1日と15日に神棚に備える習慣がある
出荷時期 周年出荷

サカキ。神事や神棚に使う

ヒノキ林内で日焼け防止 芯止めで収量増

佐賀●天本吉和

作業道沿いで栽培

城戸生産森林組合では主にヒノキの植林をしてきましたが、収入は数十年に一度です。その間の収入源として、2003年から林床（作業道沿いも含む）にサカキを植え始め、11年から出荷を開始しました。

サカキはツバキ科サカキ属で、8〜10mになる常緑高木です。作業道の整備や間伐をしたあと、約2m間隔で3〜4年生の苗木を植え、現在6・8haで栽培しています。

50〜60㎝の芯止めで収量アップ

いいサカキは葉が深緑色で光沢があり、間隔よく交互に出揃ったものです。枝1本でも商品になり、束ねたときも菱形で見た目がよいと商品価値が上がります。毎年いい枝を収穫するには芯止めとせん定が重要です。まっすぐに育てた樹の下方の枝ばかりを収穫すると、3mくらいで芯止めしても、上部の枝のみ元気になり下枝が育たな

サカキの芯止めと収穫

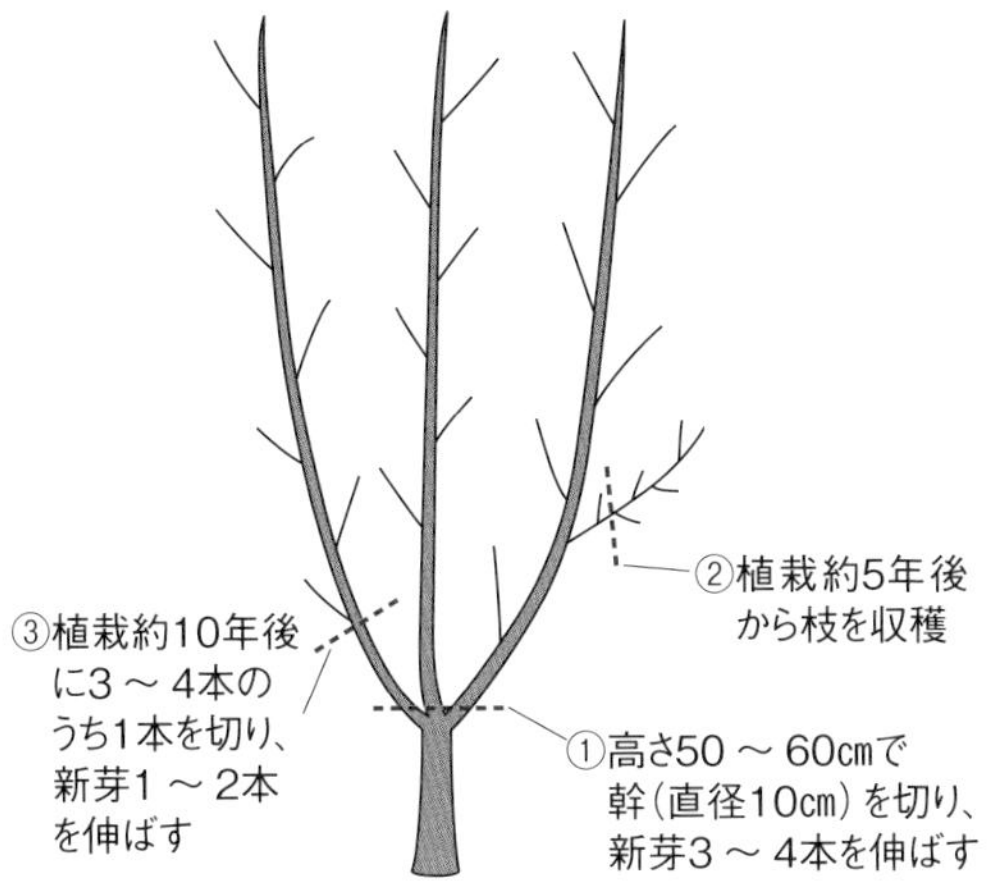
②植栽約5年後
から枝を収穫
③植栽約10年後
に3～4本の
うち1本を切り、
新芽1～2本
を伸ばす
①高さ50～60㎝で
幹（直径10㎝）を切り、
新芽3～4本を伸ばす

1
2

1色艶のよい葉を選び、先端から50㎝程度で収穫　**2**組合員で共同作業。右端が筆者。葉は収穫したその日に、規格（長さ35～50㎝）に合わせて数本を組み合わせ、見た目よく菱形に整えて結束する。水洗いして葉の表面についた泥や埃を洗い流し、水に浸けて翌日出荷

いので収量を増やせません。そこで実践ているのが次の方法です。まず3～4年目に幹を高さ50～60㎝（直径10㎝）で切断して芯止めし、3～4本の新芽を立ち上がらせます。すると植栽して5年後には枝数が増え収穫できます。さらにその約5年後、3～4本のうち1本を切断して新芽を1～2本出します。これを3～4年ごとに繰り返し、1本ずつ更新します（上図）。

　樹1本から枝数を切りすぎないほうが毎年長枝を収穫できます。またうまくせん定すれば、毎年4月中旬～6月中旬に50㎝ほど伸びて長めの規格に合わせられます。

オビヒメヨコバイが課題

　病気や虫食いがあると結束・出荷調製時に取り除かなければなりません。

　当初「サカキは消毒しなくてもよい」と聞いていましたが、高品質のサカキを育てるには消毒は必須です。冬場にマシン油＋殺虫剤、新芽の発芽時期に殺虫剤＋殺菌剤、その2カ月前後あとに殺虫剤＋展着剤で消毒します。それでも近年はオビヒメヨコバイ族の新種が急激に発生し苦戦しています。

遮光率40％のヒノキ林がいい

　ヒノキの林内を活用して直射日光を避けることができます。1日の遮光率が40％（木漏れ日程度）ですと、きれいな葉が育ちます。直射日光が差しすぎると、葉の色が焼け深緑色にならず、花が咲き実がなるので出荷時に摘み取ることになり、商品価値が下がります。

　スギ林もありますが、スギの枯れ葉はサカキの枝に積もりやすく、病気や害虫の発生源となりやすいので、ヒノキ林が向いています。

毎週300束を出荷

　現在収穫できる樹は約8000本で、市場との年間契約で毎週約300束を出荷できるように計算しながら、男性組合員3～4人が山で収穫します。結束・出荷調製は共同作業場で女性組合員7～8人が行ないます。

　サカキ栽培は林業に比べて軽作業なので高齢になってもでき、年間通して一定の収入が見込めます。作業の負担をより軽減するには、さらに緩やかな傾斜地に植える必要があります。サカキ栽培を通して人が山に入れば、里山の維持や保全にもなります。「サカキは基山」という地域ブランドを確立すべく取り組んでいますが、組合所有の栽培適地は限られており、単独での供給拡大は困難です。２０１７年からは町の産業振興協議会が中心となり、地域ぐるみで生

産しようと「里山サカキプロジェクト」を立ち上げました。町内全域に植栽地を広げ、数年後の出荷増を目指しています。

（佐賀県基山町・城戸生産森林組合長）

サカキ

副業にサカキ、90歳でも年間100万円が稼げる

島根●田中幸一

サカキを商人《あきんど》ブランドに

私が住む津和野町商人集落は小さな集落だが、平成元年、当時22戸あった住人みんなが集まって、「商人榊生産組合」を結成。高齢者が軽労働で続けられる仕事作りをしようと、サカキ栽培をすることになった。

赤土・礫土の土壌、半日程度しか日照時間がない商人集落の山林には、自生のサカキが群生していて、栽培適地だという結論に至ったのだ。

結成当初、メンバーは19名。今は14名だが、みんな元気に活動している。年齢層は30〜90代。中でも80代がごろごろいて、最高齢はなんと94歳。みんな熱心にサカキ栽培に励んでいる。一組合員当たり、年間で100万円の収入を維持できている。

組合員各々が自分のサカキ園を持つ

組合では最初、自生するサカキを試験的に販売していたが、生産性と体力を考慮した結果、人工サカキ園を造ることにした。組合員が山野を造成し、25年かけて今のサカキ園がある。サカキの苗を植栽し、サカキは苗を植えてから売り物になるまで5年もかかる。葉焼けしないように、サカキとサカキの間にはスギの樹を植えたりしながら、少しずつ面積を増やしてきたのだ。

組合員一人当たりが栽培するサカキ園の面積は25a〜1ha。それぞれ自分のサカキ園を持つ。組合員みんなの栽培面積を合わせると、全部で約8haになる。

良質なサカキを出荷したい

できたサカキは10本を1束に、50束を1ケースにし、JAを経由して市場へ出荷。出荷した分だけ個人にお金が支払われる仕組みになっている。1ケースは1万5000円、1束300円の計算だ。

80代の方々が「なんも難しいことない」というように、サカキの栽培は誰でもできる。そこからさらに、品質のいいサカキを出荷するために、組合ではいくつか気を遣っていることがある。

▼輪紋葉枯病対策

一番の問題は輪紋葉枯病（以下、輪紋）。葉に1〜2㎝の赤褐色の円斑ができる。病斑ができた葉は、円斑が広がり落葉する。

輪紋は菌が原因で発生する。対策として、園の風通しをよくしたり、園内に張り巡らせたパイプから薬剤の散布をする。

紫外線も菌を繁殖させる原因。周囲のスギの樹が被害を抑える役割をしてくれる。

▼洗浄機「あきひとくん」を全戸に導入

サカキは収穫、結束をしたあとに葉を洗浄する。以前は「激落ちスポンジ」で葉を一枚一枚きれいにしていたのだが、収穫や結束作業の3倍の時間がかかっていた。そこで、回転ブラシでサカキの泥や汚れを落とす電動洗浄機「あきひとくん」をメンバーが考案。鉄工所で作ってもらい、組合員全戸に配布した。おかげで作業時間が6分の1にまで減り、葉の光沢が一層出るようになった。今や必須アイテムである。

▼夏場は保冷庫に

夏場はサカキの鮮度保持が欠かせない。出荷調製したあとのサカキを保管しておくための保冷庫も組合員全員が導入。5〜8℃の保冷庫に入れておけば、1週間は持つ。

1 サカキの結束作業中。10本1束にまとめる。サカキの葉を二等辺三角形に並べるのがポイント
2「商人榊生産組合」のメンバー。右端手前が筆者　3 サカキ園。サカキとサカキの間にスギが植わっている

講習会も開催、季刊誌も発行

組合員の栽培技術のレベルを上げるために、年に2～5回栽培講習会を開き地道な努力を続けている。

また、毎年「榊結束目合わせ会および圃場仕立て研修会」を開催。「目合わせ」とは、サカキの枝を束ねて1束に結束した際、大きさや形を均一化する作業だ。さらに、樹高が高く収穫作業が難しくなったサカキ園を、1・5～1・8mくらいの低樹高に仕立て直す「仕立て研修会」も行なっている。高齢者でも手が届く範囲でラクに作業できることが、この先も長くサカキ栽培を続けていける秘訣だと考えている。

そのうえ、生産者と販売店・市場のみなさまがつながるために、日々の作業などを記した「商人榊生産組合　季刊ニュース」を1年に4回配布することにしたのだ。

原稿の最後になったが、がんばっているメンバーを紹介して本稿を締めようと思う。

●大井 豊さん（初代組合長）

御歳88歳。商人榊生産組合の基盤を作った方。45aでサカキを栽培。毎月3～5回出荷で月9万～15万円の収入になる。

「サカキは一年を通して収穫できるから、年金＋サカキで、いい収入だ」と大井さん。

●安村 伝《つたえ》さん

安村さんは86歳。85歳の奥さんと2人で、35aでサカキを栽培。

「80歳を超えても取り組める作物はそうないね～、ありがたいよ」と喜んでいる。近所に住む娘さんが、将来手伝ってくれることを心待ちにしている。

●藤山 宏さん

町役場に勤める藤山さん。55歳。栽培面積は35a。86歳の母、静枝さんと一緒にサカキ栽培に勤しむ。兼業農家なので、仕事が終わったあとの夕方や休日にサカキを収穫。静枝さんが結束する。

近年、里山の活用、軽作業、所得率の高さなどの作物特性のおかげで、若い組合員8名の加入があった。何にでもいちいち馬鹿騒ぎする商人集落。山間の民として、われわれの生き様は、正解のひとつだと確信し、今後も仲間とともに励んでいきたいと思っている。

（島根県津和野町）

シキミ

分類 マツブサ科シキミ属
生育地 暖地で日当たりのよい場所
特徴 枝葉や花に独特の香気がある。切り枝を一年中収穫できる
枝ものとしての利用 仏事に利用。仏壇やお墓にお供えする
出荷時期 周年出荷

シキミ。大きくまっすぐな枝に小さめの枝を数本合わせて結束。素早くきれいに仕上げるにはセンスと慣れが必要(写真はすべて依田賢吾)

手が行き届く適正規模がカギ

宮崎●小野敬通

仏壇にはシキミ

延岡市北川町で、妻と母とシキミを2ha栽培しています。

シキミは常緑の小高木で、お墓やお仏壇にお供えする花木のことです。年に2〜3回萌芽するので、複数の品種を栽培すれば年中出荷が可能です。

もともと私たちの地域では、シイタケ栽培が盛んでした。しかし価格の暴落などで生計を立てることができなくなってきた1970年頃から、シキミの栽培を始めることになりました。先人たちは山林に自生していたシキミを持ち帰り、田や畑だったところや比較的傾斜の緩やかな山林に植えて増やしました。生産者も栽培面積も徐々に増え、現在50人で北川町しきみ部会を組織しています。2018年は主に西日本地方に卸売業者や小売業者を通して207tを出荷し、1億6000万円を売り上げています。

高品質のシキミを生産するには

部会は4つの支部に分かれており、私が所属している柚陸《ゆうりく》支部では、主に1束の長さを70cm、重さを300g以上に調製して出荷しています。枝はまっすぐ、葉も濃い緑色でシャキッとしていて、虫食いや斑点のないものが好まれます。

▼適期防除を徹底

まずは適期防除に気を遣います。2～11月に約40日おき、年間約7回、サビ、ダニなどの防除を行ないます。

温暖化の影響で越冬する害虫もいて、冬期の防除も欠かせなくなっています。萌芽期にはアザミウマ（スリップス）の被害を受けるおそれもあり、それに有効な薬を散布します。

さらに、同じ薬剤で防除し続けると抵抗性が発達しますので、ローテーションするように心がけています（シキミや樹木類に登録のある農薬を使う）。

▼せん定でまっすぐな枝に

収穫時に適度なせん定をすることも心がけています。生産量を増やそうと繁茂させると風通しが悪くなり、病気にかかりやすくなります。また薬剤が届かず、害虫を防除できないこともあります。

さらに、スギやヒノキの人工林と似て、光が当たらず、曲がった枝や真横に伸びる枝が増えてきます。

▼2haだから手が行き届く

高収益を上げるには面積を広げたほうがいいと思われるかもしれませんが、1月の施肥に始まり、2～11月の防除、春～夏の下草刈り、せん定など、年間を通じてやらねばならないことがたくさんあります。先人たちの経験によると、一家で2haを超えると手の届かないシキミが出てかえって収量が落ちるので、2haを超えない適正規模での栽培を心がけています。

▼ピークに合わせて収穫

出荷のピークは、お盆、年末、春と秋のお彼岸の年4回あります。一番忙しいお盆を例に挙げると、7月25日～8月12日頃で、毎日出荷が続きます。1箱に50束入れて、毎日5箱、多いときには7箱出荷します。一軒で5～7箱ですので、部会全体ではけっこうな数量になります。昼間は暑くてシキミも人間もまいってしまうので、収穫は朝早くか夕方に行ない、昼間は不要な葉をむしったり、切りそろえて結束したりといった作業をします。夜遅くなると目がかすみ、効率も悪くなるので、朝3時に起きて作業を始めることもよくあります。

繁忙期だけでなく、通常期も週3回、1～2箱程度出荷します。

わが家の売上は、年間500万円ぐらいです。経費は農薬に50万円ぐらいかかります。しかしそのほかは肥料代、運送料、農協手数料、冷蔵庫と作業場の電気代、作業管理道の修繕費、軽トラと動力噴霧器のガソリン代ぐらいで済みます。大型の機械や施設も不要です。

（宮崎県延岡市）

1右から母の育子、筆者、妻の千恵　**2**新芽。上は固まってきた状態でこのまま使える。下はまだ黄緑色で固まっておらず、束にするとしおれてしまうので調製時に泣く泣く切り落とす　**3**束は品質を保持するため、出荷まで水に入れて冷蔵

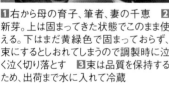

ヤドリギ

分類 ビャクダン科ヤドリギ属
生育地 神社や公園などの開けた場所や森林と草地が接する林縁部の落葉広葉樹に寄生し、平地ではケヤキやサクラ、エノキ、山地ではシラカバ、コナラ、ブナなどの高木に多く見られる
特徴 ほかの樹木に根を挿し込んで水や養分を奪う常緑の半寄生植物。枝分かれしつつ1年に1節ずつ生長し、大きなものは直径1mほどの「球」になる
枝ものとしての利用 ヨーロッパでは縁起物としてクリスマス飾りなどに使われるほか、日本でも花材として用いられる
出荷時期 11月下旬から約1カ月

1

ツリーケアから生まれたヤドリギの枝もの

長野●小池耕太郎

　弊社は、高木のせん定や伐採、樹木診断・治療などに取り組むアーボリカルチャー（樹木管理業）の専門会社です。2013年の創業以来、公共交通機関や自治体、個人から依頼を受け高品質で安全なツリーケアサービスを行なってきました。一般の人々が山に親しみ、自然環境や樹木への理解を深めてもらうことが弊社の使命と考え、さまざまな事業を展開しています。

　創業初期からの看板事業であるヤドリギの販売もそのひとつです。

　ヤドリギは樹木に寄生して生長する植物ですが、宿主の木から養分や水分を奪って弱らせてしまうため、樹木保護のためには取り除く必要があります。平地ではケヤキやサクラ、山地ではコナラやシラカバの高木によく寄生しますが、多くは樹冠部に生育します。人目につかず長年放置されるため、樹勢劣化や枝折れなどの事故が多く発生しています。

　一方、ヨーロッパでは古くから神聖な木とされ、クリスマス飾りによく使われます。特徴的な形や美しさから日本でもフラワーアレンジメントなどの需要が多いものの、採取が困難なため流通していませんでした。そこで弊社は独自のツリーワーク（木登り技術）を活かし、単独企業初のヤドリギの採取・販売を事業化しました。

　ヤドリギは、まん丸の状態で採れることはめったになく、分解して30㎝程度に切った枝を10本3000～4500円で販売。全国の華道家や雑貨店を中心に、毎年150万円ほどの売上になっています。

　ただし、実が鳥類のエサになるなど、ヤドリギは動植物が織りなす生物多様性の一

1地上から約20m。寄生根が付着した枝ごと切断し、ヤドリギの「球」を取り除く　2商品になりそうなヤドリギの枝をカットする筆者。自然の産物なので、状態のよい枝は2～3割程度だという　3葉や実が多くついた枝が人気。30㎝程度に切り揃え、見栄えがいいように扇形にせん定する　410本ほど束ねたヤドリギの枝。段ボールに入れて北海道から沖縄まで出荷する（写真はすべて尾崎たまき）

端を担う大切な存在でもあります。採取量はケアする樹木の生育を阻害しない量だけにし、採取期間は11月下旬から1カ月ほど、販売もクリスマスから年末シーズンのみです。売上は樹木の整備費用に還元。大木の手入れができず、ヤドリギの被害に困っている人から依頼を受けた際は無料で採取しています。

（株）木葉《もくよう》社

オリーブ

筆者と妻の利子。カキ、搾油用ツバキも栽培。左がオリーブのせん定枝で右の2つが見本用のリース（写真提供：JAにじ）

分類 モクセイ科オリーブ属
生育地 茨城県・石川県以南の高冷地を除いた地域が日本での栽培地域。ただし、花芽分化と開花・結実には1月の平均気温が10℃以下になることが必要
特徴 樹の生長が早い。葉は硬く革質で、表面はクチクラがあり光沢のある濃緑色。葉の裏面は白い鱗毛が生えている
枝ものとしての利用 せん定枝を生け花やリースの材料に
出荷時期 12～1月

10本1束でリースや生け花の材料に

福岡●藤田光彦

2008年からオリーブを栽培しており、現在50aの畑で約150本を管理しています。石けんやオリーブ茶、オリーブオイルなど、加工品の開発も進めてきました。さらに昨年、それまで焼却やチップに粉砕して処分していたせん定枝を、クリスマスと年末年始限定で販売することにしました。

オリーブの葉は裏が白く、生け花に使うと色に変化が生まれ、枝がよくしなるのでリースにも向いています。50～60㎝のせん定枝10本ほどを1束にして、JAの直売所「にじの耳納《みのう》の里」で200円で販売したところ、12月初めから1月中旬まで毎日10束ほどが完売。リースの見本と作り方を売り場に飾ったのがお客さんの目を引いたようです。

　リースの作り方は簡単で、枝3本の根元をワイヤーで束ねたものを2つ作り、それぞれ三つ編みにしてつなぎ合わせ輪っか状にするだけ。うきは産のオリーブを身近に感じてもらうきっかけにもなると思っています。

（福岡県うきは市）

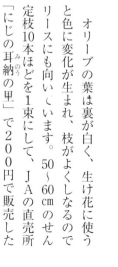

花もの

2月上旬のミモザアカシア。枝々に無数の花が咲く(写真はすべて佐藤和恵)

アカシア

分類 マメ科アカシア属
生育地 原産地は南半球の熱帯、亜熱帯(主にオーストラリア)。日本では、暖地で日当たりや風通しのよい場所で育つ。耐寒性がおとり、1月の平均気温が4～5℃以上必要
特徴 生長が早い。黄色い花、白みがかった葉が美しい
枝ものとしての利用 春を告げる花として人気がある。イタリアでは3月8日の「国際女性デー」に男性から女性に贈る習慣がある
出荷時期 2～3月

黄色い花が豪華

静岡●前川俊雄

寒さに弱いので注意

早春の季節、まだ寒いのに、ミモザアカシアの花が咲き始めました。緑の葉に黄色い花は、花材としてとても魅力的で、春にはなくてはならないもののひとつです。

ミモザアカシアは低温に弱いので、特に注意して、標高の低い暖かい畑でつくっています。今は40本栽培。もともとは15年ほど前に、ホームセンターで高さ50㎝の苗木を1本1500円で入手しました。畑ごとに試作して、樹の育ち具合や冬期の低温にあったときの様子などを数年間見て、つくる場所を決めました。何本も枯らしてしまいましたが、得たものは大きかったです。同じ畑でも、傾斜の向きなどによって生育に違いがあることがわかりました。

生長がとても早い

ミモザアカシアは大木になるのが非常に早いので、苗木を植えるときは樹間を6mとってください。風に弱く、幼木期間は支柱が必要。何年も長持ちする鉄柱を使いましょう。それでも、1年で2mも伸び、倒

筆者の栽培しているアカシア　1一番多く栽培している。2～3月の開花期に販売　2ミモザアカシアの赤芽種。葉の色に特徴があるので、一年中販売　3葉の形に特徴があるので、一年中販売　4アカシアは生長が早く、すぐ大木になる

れやすいので、ハウスバンドで四方の樹とつなぎ、固定しておきます。

　春に苗木を植え付けたら、2～3年目から枝を収穫できます。期間は2～3月。花（つぼみ）のついた枝はほとんどが売り物になるので、とことん販売しましょう。枝数が多く、経済性豊かな樹といえます。また、同じ畑でも開花に早い遅いがあるので、それを利用して長い期間販売できます。

　収穫が終わり次第、樹高を1・5mに下げ、横枝も短くせん定し、翌年に備えておきましょう。

花も葉も人気で、売れ残りなし

　ミモザアカシアはほかの枝ものと組み合わせず、単品で販売できます。それほど人気があるということです。直売所の花コーナーに並べると、その場所が華やかで明るくなります。1束（4本）300円で、毎日50束持っていきますが、売れ残りなしです。

　お客さんからは、「花数の多さがすばらしい」「ふんわりとした黄色の花束で、豪華ですね」「白みがかった緑色の葉もいい」など、多くの嬉しい言葉をいただきました。まだ販売する束数が足りていないようなので、数を増やし、収穫期間ももっと延ばしていきたいと思います。

3種類のアカシア

　私はミモザアカシア以外にも、赤葉アカシアや三角葉アカシアも栽培しています。

　赤葉アカシアは生長が早く、ミモザアカシアから10日ほど遅れて黄色い花が咲きます。枝先の葉がチョコレート色になるので、花がなくても、年間を通して売れます。ほかの花材と組み合わせて束にするなど、便利な枝ものです。

　三角葉アカシアも生長が早く、こちらもミモザアカシアより10日ほど遅れて黄色い花が咲きます。直立枝が多く、葉は三角形。葉色が白みがかっているのも特徴です。年中販売していて、単品でもセットでも売れます。

（静岡県静岡市）

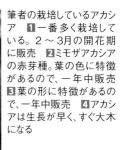

アジサイ

分類 ユキノシタ科アジサイ属
生育地 全国。非常に種類が多い
特徴 樹高1～2m。がくが発達したものが花びらに見える
枝ものとしての利用 近年、初夏に咲いた花を秋まで残し、アンティークカラーに変色させた秋色アジサイや、ドライフラワーなどの人気が高い
出荷時期 7～11月

10月上旬に収穫した秋色アジサイ。ホテルのディスプレーや結婚式で需要がある。ドライフラワーにしてもきれい（写真は6を除いて佐藤和恵、6は筆者提供）

フレッシュ出荷と秋色出荷で長く売る、高く売る

群馬●須藤長明

2種類の出荷時期

結婚して子どもが生まれた頃からバブル崩壊の影響でヒマな時期ができ、アジサイの栽培を開始しました。

ただ、妻はフルタイムで勤めていて、自分一人だけの作業ですから、収穫が集中すると手が回りません。そこで、花が咲き始めた時期に出す「フレッシュ出荷」のほかに、畑に長く置いておける「秋色出荷」にも力を入れるようになりました。

標高差で収穫時期をずらす

私の畑は標高差が約150mあり、その特徴をライムライトのフレッシュ出荷で活かしています。収穫開始は、低いところで9月1日から、高いところで9月12日から。それぞれ色合いが非常に近い感じになり、長期間フレッシュなライムライトを出荷できるのです。逆に秋色出荷は10月より高いところから始めます。

❶ほぼ雨よけ栽培で、一部、ハウスもある。中山間地の標高差を活かして、収穫をずらしながら長く売る　❷ボーデンセを収穫中の筆者。草丈は1mほどで、大輪が咲く

アジサイ各種の主な出荷時期

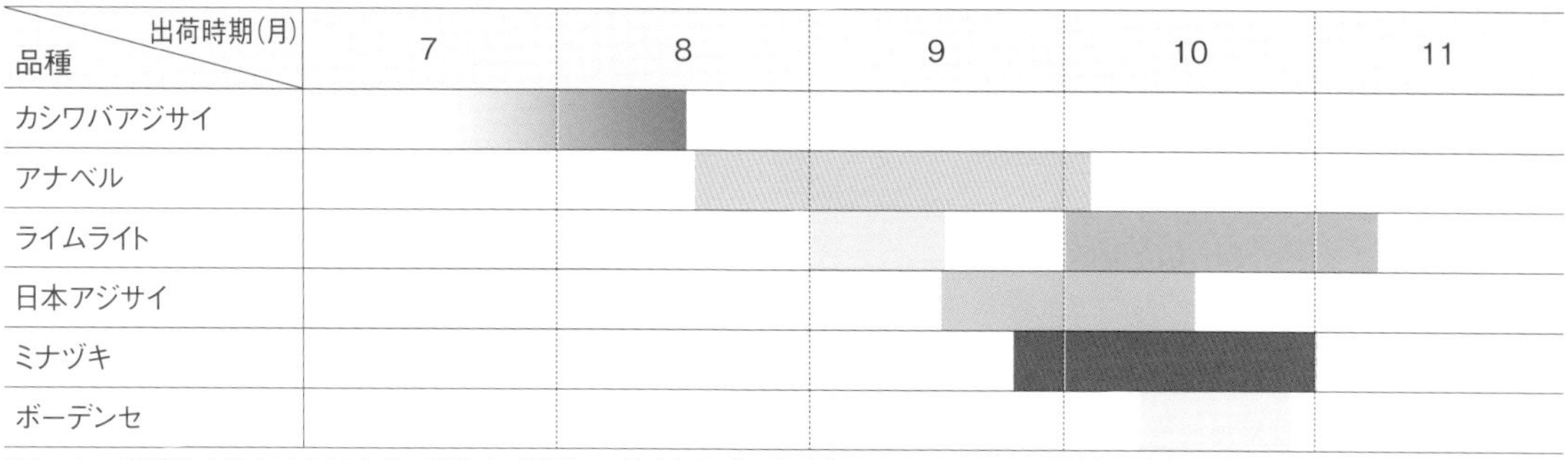

フレッシュ出荷をするのはカシワバアジサイ（7月）とライムライト（9月）のみで、ほかの品種は秋色出荷がメイン。図は、出荷時の花をイメージして色づけ

フレッシュ出荷は美しく咲いたときに収穫しますが、花が弱くて繊細なので、取り扱いには注意が必要です。特に水揚げ。切ってすぐ水に浸けてあげないと、高温でしおれてしまいます。一方、秋色出荷は花が硬くなり、取り扱いがラクです。

秋色は収穫を急がない、高く売れる

秋色出荷の魅力は、すでに商品として完成したものが畑にあり、霜が降りるまで収穫できるところです。10月になれば、すべてのアジサイで秋色出荷が可能なので、値段の高そうなものから収穫していきます。

当地では10月下旬～11月上旬には霜が降り、収穫が終わります。他産地と同じ、もしくは少し遅いので、その分、出荷時期は長くなります。秋色アジサイの出荷量は、消費地で「秋はこれから」というときに減ります。そのため、あとになればなるほど高値で販売できるのです。

秋色アジサイは花が大きく、自然な色合いで存在感があります。ホテルのディスプレーやブライダルなどで使われています。また、ドライフラワーにしたときの色持ちのよさも魅力で、アナベルの緑のリースなどはとてもきれいです。

色の変化が美しい品種たち

1

2

3

4

▼1 2ミナヅキ（1は秋色）

咲き始めは白2で、薄ピンク、ピンク、そして秋色の赤へ進んでいきます。花房は円錐形で、高さ30㎝ほどになり、ピラミッドアジサイとも呼ばれます。草丈は2ｍほど。枝はしなやかで、花房が垂れ下がります。

寒さが来ないと秋色にならないので、場所を選びます。２０１８年に農林水産大臣賞を受賞した思い入れの強い品種です。

▼3 4ボーデンセ（4は秋色）

最初に青い花が咲き、10月中旬からさまざまな秋色を楽しめます。大輪で、高い位置で咲くのでステム（茎）も長く切れます。

▼5ライムライト（秋色）

咲き始めはとても美しいライム色です。咲き進むと白くなり、秋色はピンク。花房は円錐形で、高さ30㎝ほどになります。草丈は2ｍほどで、まっすぐ伸びます。

9月に入るとフレッシュ出荷が始まり、お彼岸まで続きます。その後、10月上旬から11月上旬まで秋色出荷。私が栽培している中で、出荷本数の一番多い品種です。

▼6カシワバアジサイ

円錐形の花が咲き、日なたでは白から赤

に、日陰では白から緑に変化。花房が大きく、高さ50㎝にもなります。草丈は2mほどで、生長して花が重くなると、地面に倒れてしまいます。そのため、ヒモで吊るなど対策が必要です。

7月の梅雨明け頃からフレッシュ出荷。8月に入ると、花は徐々にアンティークカラーへ。色のグラデーションがとても美しく、存在感があります。

▼7 日本アジサイ（秋色）

ごくごく一般的なアジサイです。紫から薄紫、緑がかった紫と、日光の当たり具合で色とりどりに変化します。近年、特に秋色の人気が高く、値段が以前の1・5倍に上がりました。

▼8 アナベル（秋色）

花は淡いグリーンから純白へ、その後、秋色のグリーンへと変わります。草丈は1・5mほどで、株が周囲に広がっていきます。

8月のお盆明けから秋色出荷が始まり、直径30㎝にもなる球形の緑の花が咲いている姿は、とても涼やかです。この緑は最長10月まで続き、その点も気に入っています。

（群馬県片品村）

ロウバイ

分類 ロウバイ科ロウバイ属
生育地 中国原産。日当たりがよく、作土が深く、肥沃な適湿地でよく育つ
特徴 ロウ細工のような黄色い花が咲く。芳香がある
枝ものとしての利用 冬にほかの花木よりも早く咲き、生け花や庭木として利用される
出荷時期 12 ~2月

フクジュロウバイの開花
（写真は*を除いて佐藤和恵）

香り豊かで正月によく売れる

静岡●前川俊雄

ロウバイ3種の特徴

ロウバイはよい香りのする黄色い花が魅力的です。山間地（海抜約450m）の自宅周辺の畑で栽培しています。冬は寒さが厳しく、低温期間が長いにもかかわらず、枝には多くのつぼみがつき、逞しく育ちます。正月にはなくてはならない「香り花」で、売り場でもお客さんの目に留まることでしょう。

私は3系統を栽培し、もう15年が経ちました。それぞれの特徴は以下の通り（早晩性や開花期は自宅のある静岡市葵区諸子沢の場合）。

ソシンロウバイ（素心蝋梅）

早生系で12月上旬から開花。花は薄い黄色で、少し小さい。

マンゲツロウバイ（満月蝋梅）

中生系で年末年始から1月下旬に開花。花は濃い黄色で、大きい。花持ちがよい。

フクジュロウバイ（福寿蝋梅）

晩生系で1月中旬から2月中旬に開花。

咲く期間が長い。花は濃い黄色で、大きい。中でもマンゲツロウバイは一番人気があります。私もこの系統を多くつくり、毎年、自慢の花を正月に販売しています。

今まで獣害などで「我慢」と「試練」が続き、そんな中でがんばってきました。ロウバイの花香る畑の中で枝を収穫するときほど、うれしく幸せなことはありません。

手強いのはシカ

栽培上の注意点はまず野生動物。特にシカが一番手強い相手です。樹を押し倒したり、若い枝葉を食べたりします。ロウバイやサクラ、ハナモモなどの花木類はシカの大好物なので、要注意です。

食害は高電圧の電気柵でないと防げません。支柱は1・5m間隔、線は20cm間隔で8段張っていますが、破られることもあります。シカが侵入するのは毎回ほぼ同じ場所なので、そこは電気柵を二重にして防いでいます。

線の下は常に除草剤を散布して、草で漏電しないようにします。私は常日頃から電圧計やテスターなどの電気柵用品を車に入れておき、こまめに通電を確認しています。

生長が早く、栽培しやすい

ロウバイの苗木は3年生のものが販売されているようです。2〜3m間隔で植えたら、鉄の支柱に縛り、5年ほど風圧に耐えるようにしておきます。鉄の支柱だと、何度も使いまわせるので便利です。

1フクジュロウバイは黄色い花が下向きにつく　2マンゲツロウバイの畑。獣よけに電気柵を設置している。写真は線が5段だが、最近はより厳重に8段にしている　3収穫したマンゲツロウバイ。長さ50 〜 60㎝の枝を2 〜 4本の束にして、300円で販売。1日50束ほど売れる（*）

苗木を植えて3年間は春に配合肥料を10a5袋（100kg）ほど散布。その後は無肥料無農薬で栽培できます。

畑は除草剤を散布してもよいですが、草生栽培もできます。ロウバイは生長がとても早く、枝も長いものが多く、年々樹のボリュームが増すので、下草が生えていても問題ありません。出てきた枝は、ほぼ販売できて経済的です。

冬の売れ筋枝もの

植えて10年以上経つと大木になり、収穫しづらくなるので、高さ1mほどに切り下げます。その後は収穫できる枝数が減るので、植付け本数は多いほうがよいでしょう。すべての樹を一遍にではなく、順繰りに切り下げて、毎年、販売する枝を確保するのです。一度切り下げれば、4〜5年は作業性もよく、そのまま収穫できます。

枝は2〜4本の束にして、ラッピングして300円で売っています。直売所やスーパーでは、とても人気があります。12〜2月の枝ものはナンテンから始まり、ロウバイ、ウメ、サクラ、ヤナギ、トサミズキと続き、季節は春になっていきます。

（静岡県静岡市）

ハクモクレン。すべての花が上向きに咲く

モクレン

分類 モクレン科モクレン属
生育地 本州~九州。植栽されたものが多い
特徴 ハクモクレンは樹高10 ~ 15mにもなる高木で、 2月末に白~クリーム色の花が咲く。シモクレンやキモクレンは樹高3 ~ 5mほどの高中木で、 3 ~ 4月にそれぞれ赤紫や黄色の花を咲かせる
枝ものとしての利用 主にハクモクレンが用いられるが、寒冷地ほど枝の生長が緩慢で収量が上がらない。擦れて傷がつくと花の品質が悪くなるので、包装に注意する
出荷時期 2~4月

挿し木で白、紫、黄の3種

鹿児島●山内政枝

気に入った枝は挿して殖やそうとするクセがあり、畑には枝ものが20種類以上あります。秋から春の間に少量ながら次々直売所に持っていき、年間50万円ほど売り上げています。

ハクモクレンは寒い時期に咲くため霜害を受けやすく、つぼみが開く前に切ります。上にどんどん伸びるので抑えるつもりで、樹に登って枝をバッサリ切ります。2mほどの枝分かれしたものを1本800円で販売。シモクレンとキモクレンは枝を70~80cmで切り、3本に束ねます。シモクレンは200円ですが、キモクレンは珍しいから か、600円で売れます。

(鹿児島県姶良市)

ウメ

分類 バラ科サクラ属
生育地 年平均気温が10～12℃のところが適地
特徴 開花前の平均気温が開花時期に影響を及ぼす
枝ものとしての利用 正月飾り用としての需要が大きく、ほとんどが12月に取引される
出荷時期 12月

11月初旬の鶯宿梅の枝。ここから12月に向けて一気に樹皮が赤みを帯びる　（写真提供：JA名西郡）

せん定枝「ズバイ」がひと冬40万円以上に

徳島●佐々木松子さん

ウメ約１００本を一人で管理する佐々木松子さんは、長年冬のひと稼ぎとしてせん定枝を出荷している。

ウメのせん定枝は「ズバイ」と呼ばれ、地元のＪＡ名西郡では関西の市場向けに、12月に集荷・共選している。松子さんは10月から12月にかけて、枝を切っては拾い集め、水を溜めた桶に浸けておく。

栽培する鶯宿梅《おうしゅくばい》は南高梅などより枝の赤みが強いため、正月飾り用の需要が大きく、生け花の花材としても高評価。ＪＡが集荷するズバイの規格は１２０㎝、50㎝、30㎝の３種類で、１２０㎝の買い取り単価は18～20円。１００本１束で束ねて、10束ずつ箱に詰め、共選場へ持っていく。

松子さんは２０１８年、合計４万本以上のズバイを出荷した。手で一本一本拾ったり、せん定バサミで枝を切り揃えたりするのは大変だが、ひと冬で40万円以上の稼ぎになる。同じ集落で、ズバイを出荷していないウメ農家の畑にも、いそいそと拾いに行くそうだ。

（徳島県神山町）

サクラ

分類 バラ科サクラ属
生育地 暖地でも寒地でも育つ。適地は日当たりのよい場所
特徴 早生から晩生まで、たくさんの種類があるので、開花時期の違いを活かして、長期間販売できる。枝や花の様子もそれぞれ違う
枝ものとしての利用 日本を代表する花木として親しまれている
出荷時期 1～4月

早咲きの河津桜。花が咲ききらないうちに枝を収穫し、束ねてラッピングして売る（写真：佐藤和恵）

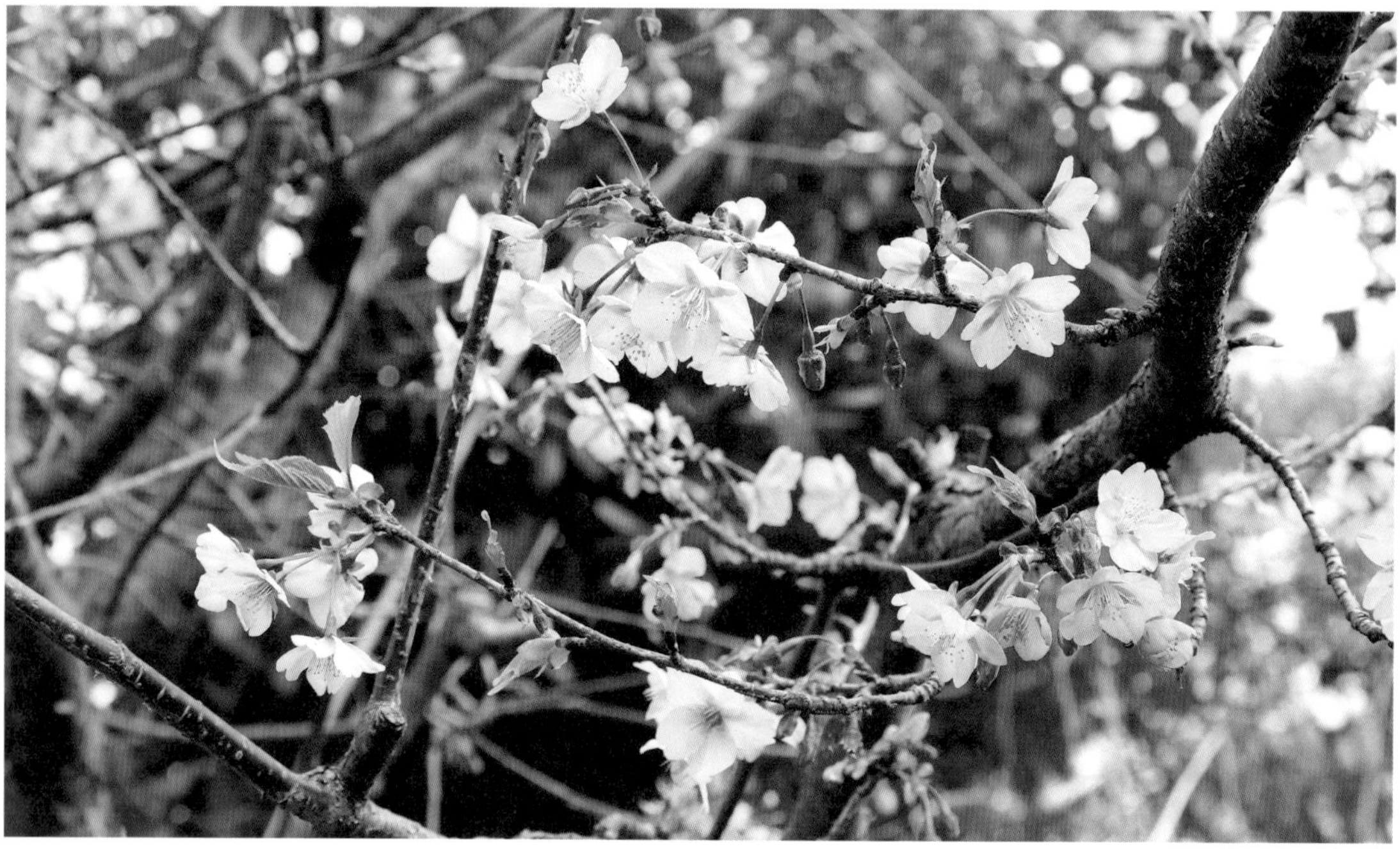

ひこばえ接ぎ木で殖やせるサクラの枝もの、品種リレーで稼ぐ

静岡●前川俊雄

1～4月までサクラを売る

サクラは品種が多く、全国各地に有名な系統があります。静岡県では極早生の河津桜が有名です。私もいろいろな種類を育てて、1月から4月までの長い期間、枝ものとして直売所やスーパーに出荷しています。

1月下旬から2月下旬に出す河津桜などの極早生や早生品種は、珍しさもあって売上は一番多いです。3月下旬からは中生品種を出荷します。これもよく売れて、2番目に売上が多い時期です。

4月から出荷する品種では彼岸桜、八重緋寒桜、牡丹桜がありますが、中でも人気はピンク色の牡丹桜です。

台木に生えるひこばえで接ぎ木苗

サクラは挿し木がうまくいかず、ほとんど殖やせません。秋から春に農協、園芸店、ホームセンターで苗木が販売されるので、いい品種はないかと探して少しずつ買い足

してきました。苗木は1mのもので2000円、1・5mのもので2500円はします。すべて購入苗ではお金がかかりすぎるので、わずかですが、自分で切り接ぎした苗木もつくっています。

以前は自生のヤマザクラに、殖やしたい品種の穂木を接いでいましたが、シカに食べられてずいぶん減ってしまいました。河津桜の苗がヤマザクラを台木にしているので、今は台木から生えるひこばえに接いでいます。コツは下枝を切って地表に光をよく当てること。そうすると多数の芽が出て、ひこばえが増えます。

枝を収穫するための作業

サクラは暖かい地域では早咲きしますし、耐寒性があるので山間地でも栽培できます。

まずは樹間5～6mで定植。大木になるのが早く、台風に弱いため、最初の10年間は支柱に縛り、さらに四方からハウスバンドで固定します。定植から2年間は、春と秋に2回、配合肥料をお椀に1杯ほど施肥します。ケムシやカイガラムシがつきやすいので、殺虫剤・除草剤を年4～5回散布してください。3年目以降は、無肥料で除草剤散布だけ続けます。

植付けから3～5年で枝を収穫できます。春、販売が終わったら、せん定して樹高を1・5mほどに下げます。その後1～2年は花付きが悪いので、収穫は休み。毎年、収穫する樹を替えるため、サクラは本数が多くあったほうがいいのです。

（静岡県静岡市）

ひこばえ接ぎ木のやり方

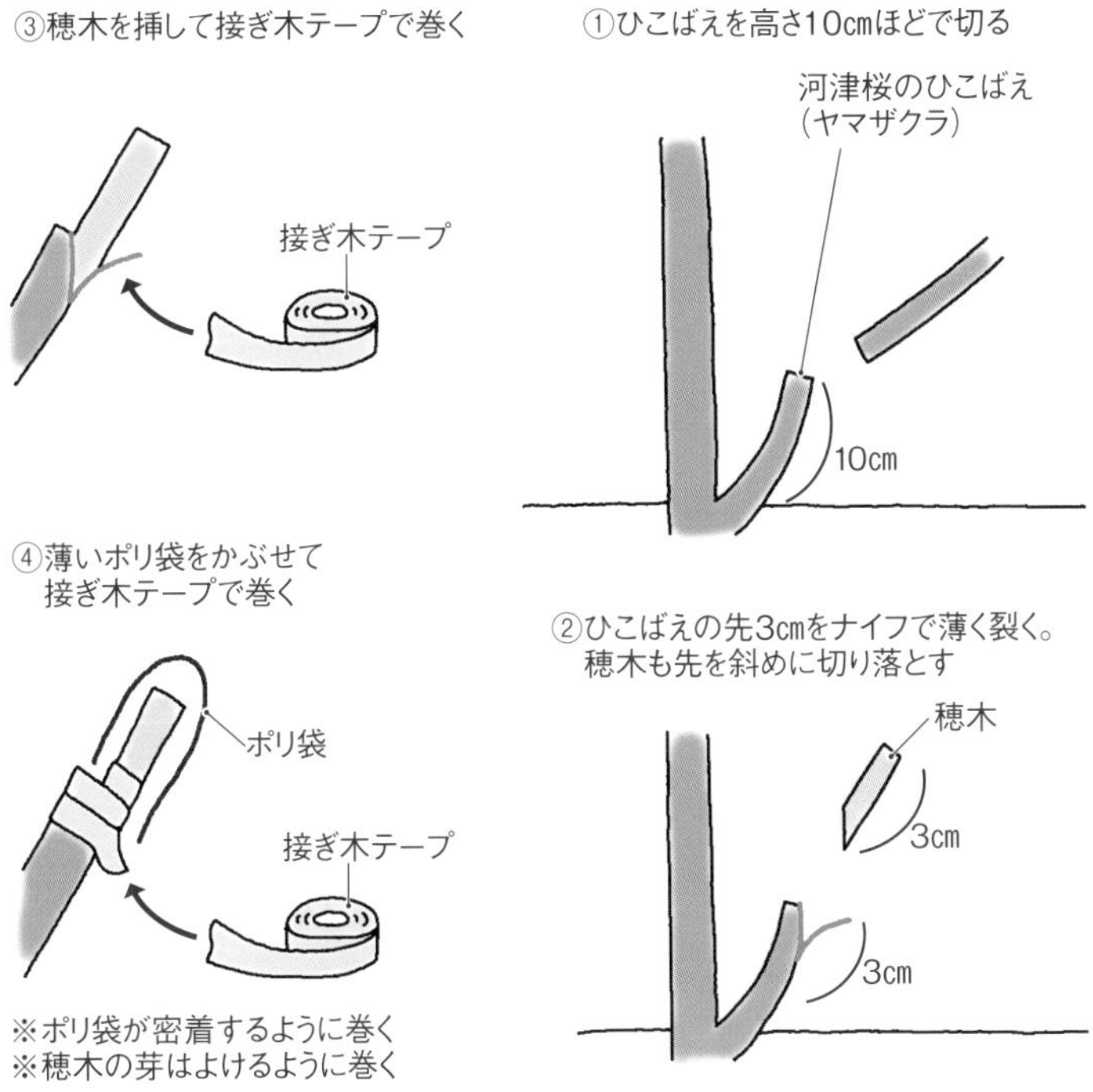
①ひこばえを高さ10㎝ほどで切る
河津桜のひこばえ（ヤマザクラ）
10㎝
②ひこばえの先3㎝をナイフで薄く裂く。穂木も先を斜めに切り落とす
穂木
3㎝
3㎝
③穂木を挿して接ぎ木テープで巻く
接ぎ木テープ
④薄いポリ袋をかぶせて接ぎ木テープで巻く
ポリ袋
接ぎ木テープ
※ポリ袋が密着するように巻く
※穂木の芽はよけるように巻く

◎初夏になると芽がポリ袋を突き破って伸びるが、自然に任せて放置。いじらずに1年ほど育てたら掘り起こして別の畑に定植する

筆者が栽培する主なサクラの品種

品種	花の色	早晩性	開花時期
河津桜	ピンク	極早生	1月下旬～
横浜緋桜	濃いピンク	早生	2月下旬～
熱海桜			
御殿場桜			
陽光	濃いピンク	中生	3月下旬～
プリンセス雅			
神代曙			
彼岸桜	淡いピンク		
八重緋寒桜	濃紅		
牡丹桜	ピンク	晩生	4月中旬～

サクラ

枝の打ち込みで殖やせるケイオウザクラでひと稼ぎ

岡山●岸 浩文

開花したケイオウザクラ。2月は春の訪れを先取りできると喜ばれ、3～4月も卒業や入学シーズンで、やはりサクラの花を喜んでくれるお客さんは多い

品薄時期に頼れる作目

10年前に脱サラして農業を始め、野菜、花、水稲の多品目少量生産と農産加工の経営です。主に直売所に出荷し、5年前から直売所の生産者代表もしています。

周年出荷を目指していますが、1～3月は農作物も花も出荷できるものが少ない。特に2～3月の直売所には、生産者の花の出荷がほとんどありません。その時期に私はケイオウザクラを出荷しています。1束200円ほど。150束程度の出荷数なので金額的にはわずかですが、サクラがあるだけで店内がぐっと明るくなり、一足早い春の訪れをお客さんに感じてもらえます。卒業式の需要もあり、サクラの花を手にした方はみな喜んでくれます。

法面を活用、景観までよくなる

南向きの急斜面な棚田があり、その法面のテラス（法面上部の平らな部分）にケイオウザクラを植えています。田んぼの陰にもならず、サクラも湿害を受けることはないようです。害虫の発生は少ないので、植えたあとはほぼ放任栽培です。

枝を根元付近から収穫するたびに、どんどん新しい芽が吹いてきて、それが数年後にはまた収穫できる枝へと育ちます。棚田の法面の活用にもなり、何より景観が大変よいので気に入っています。

出荷用のサクラの花束を作る筆者と地域おこし協力隊の女性隊員

枝の打ち込みで簡単に殖やせる

増殖方法も比較的簡単です。3月に直径3～4㎝の幹を長さ20㎝程度に切り分けます。半日陰の場所にウネを立てて黒マルチを敷き、切り分けた枝を1本ずつ木槌で打ち込みます。あとはそのまま放置しておく

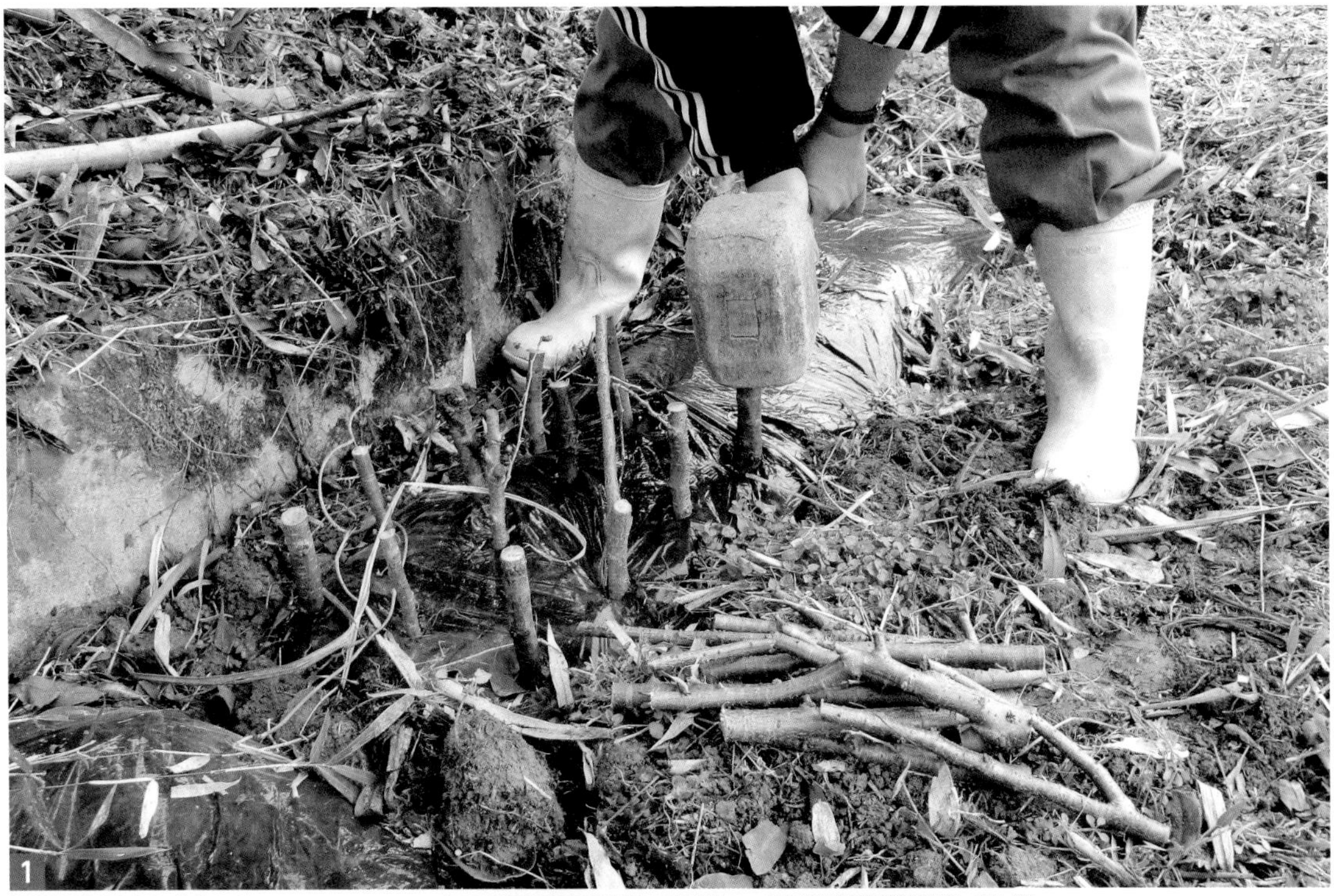

1ケイオウザクラはほかの品種と違い、挿し木で殖やせる。太めの枝を木槌で打ち込み、1年育ててから掘り起こして定植する　23環状剥皮の様子。ナイフで皮をクルリと剥いで、接ぎ木テープを巻く。剥いた部分より先の枝に花芽がたくさんつく　4棚田の法面にあるサクラ並木。景観のよさもサクラ栽培が気に入っている理由のひとつ

だけで、枝から芽や根が出て、翌春には定植できる苗になります。苗を掘り起こしたら、腐葉土や化学肥料を入れた植え穴に浅めに定植するだけです。

環状剥皮で花芽分化を促す

定植した苗が大きくなり、太さ4㎝ほどまで枝が育ってきたら、環状剥皮といって、枝の途中の皮をカッターで剥き、ビニールテープで被覆します。時期は花芽分化が始まる5月中下旬。環状剥皮の刺激によって花芽分化が促され、翌春にはたくさんの花芽がついた、よい切り枝が収穫できます。

枝の収穫は毎年2月中旬から始めます。花芽のよくついた枝を数日おきに切っては、無加温のビニールハウスに入れていきます。暖かな場所に置いて「ふかし」てやることで、開花が早まります。天候にもよりますが、収穫から10～15日ほどで、開花が始まったら出荷します。

ハウスで開花促進しない枝でも、地域に生えているソメイヨシノが開花するより早い時期に店頭に出せるので、一足早いサクラとしてお客さんが手にとってくれます。

（岡山県久米南町）

極早生のハナモモ。こぼれダネで殖やし、花付きのいいものを残した

ハナモモ

分類 バラ科モモ属
生育地 寒冷地では育たない。年平均気温12℃以上が必要
特徴 樹高5～8mの落葉小高木で、日当たり、通風のよいところに生える。3月頃に咲く花は、同じ樹の中でも白、桃、赤と色が変わることがある
枝ものとしての利用 3月の節句に需要が集中する。卒業や入学などの「祝い花」としてもよく売れる
出荷時期 2~3月

「祝い花」として人気

静岡●前川俊雄

極早生、早生、中生でずらす

ハナモモは早春から春に咲き、入社祝いや入学祝い、卒業祝いなどの贈り物になります。思いのこもったピンク色の花は、とても美しく見えると思います。

私は極早生と早生の「矢口」と中生の「源平」の3種類を栽培しています。極早生は私が子どもの頃から屋敷内に樹が1本あって、落ちた実から芽吹いたものを移植して殖やしました。寒くても2月上旬からピンク色の花が咲くので驚きです。祝い花として昔からずっと人気があり、部屋に飾ると、春いっぱいのいい香りがします。早生の矢口もピンクの花で、2月下旬から販売。中生の源平は3月上旬からピンクと赤の花が混ざって咲き、ボリュームがあり、とても人気です。

この3種類で、1カ月以上もの長い間販売できています。

畑の見きわめと管理作業

ただし、注意点もあります。早生と中生は毎年つぼみの時期に「戻り寒波」にあう

極早生のハナモモのつぼみ。寒くても花が咲く（写真：佐藤和恵）

ので、まずは自分の畑で試作することが必要です。そうすると、畑のどの場所に植えればいいのかがわかります。

肥料は少なくて構いません。害虫はアブラムシが初夏の新芽につくぐらいで、あまり困らないと思います。花が終わったら、チェンソーで樹高を1・5mほどに切り下げて、翌年の収穫作業をしやすくしておきます。ハナモモはサクラと違い、時期が来れば枝が元通りに茂り、花も咲きます。

樹間4m、列間5mの並木植えにしていますが、その通路部分を利用して、日陰でも育つスイセンを栽培しています。畑も美しくなるし、切り花として販売もできます。

売り場には人だかり

ハナモモは枝2～4本を束にして、300円で販売。直売所やスーパーに毎日50束、納品しています。

この時期、花売り場は店の入り口にあり、いつも人だかりができています。ハナモモは枝もので場所をとるので、切り花の後ろに並んでいますが、目立っています。鮮やかなピンク色のつぼみがいっぱいついていて美しいのです。

先日、友達らしき2人連れがハナモモを手にとって、「玄関に飾るといいね」といって、2束買ってくれました。販売農家として、ありがたいひとときでした。

すべての店舗をまわったあと、嬉しい気持ちで畑に寄り、次の日に販売するハナモモを切り、家に帰って荷造りをしました。早朝5時半には家を出て、1時間半かけて店に通う、そんな毎日です。

（静岡県静岡市）

ハナモモ

ひな祭り前後によく売れる

長崎●山口和子さん

大の花好きの山口和子さん。季節ごとに庭を彩るのは、サクラやウメ、グラジオラス、アヤメ、キク、ツバキ、ネコヤナギ、ケイトウ……。さまざまな種類の花がある。「ここに咲いてるだけじゃもったいなくて、みんなにも分けてあげたい」と、10年前から直売所で庭の花を売り始めた。一番の売れ筋はハナモモだ。咲く時期も花の色も違う3種類を、2月20日頃から4月10日頃まで、1日20~30束持っていく。ひな祭り前後が特によく売れる。

枝は約40cmに切り、4~6本を1束にして100円(税別)。大ぶりの枝は約1m30cmに整えて生け花用で1本100円だ。花が咲くとポロポロと花びらが落ちやすいため、つぼみが膨らんだくらいか、咲いていても3分咲きの枝を選ぶ。さらに、菜の花を添えて色数を増やし、目を引くようにするときもある。

和子さんのハナモモ栽培は、ほったらかしが基本だ。草取りはたまにしかやらないし、そもそも肥料はやらない。せん定も気が向いたとき、横に伸びて邪魔な枝や、垂れ下がった枝を切るだけだ。気楽な管理で毎年ちゃんと花が咲くところがハナモモのいいところだという。

樹の下には、ハナモモの芽が数本出ていた。熟した実が地面に落ち、タネが根付いて芽を出したのだ。これも育てて花が咲いたら枝を切って直売所に持っていく。

金も手間もかけず、自分のペースで出荷するのがモットーの和子さん。毎年この季節を楽しみにしている。

(長崎県西海市)

1 1本の樹に白とピンクの花が咲く種類のハナモモ　2 1年目の芽。3年くらいそのままにして約1mに伸びたものを掘り出して、雨のあとに移植(写真:戸倉江里)

ハナモモ

風呂にドボンで、モモの節句に開花を合わせる

長野●滝澤利在

40㎝以上のせん定枝を咲かせる

以前は、せん定で除去した枝を集めておき、後日炭やきをし、モモ畑や野菜畑にまいていた。数年前に花屋でモモの花を見て、私もせん定枝がたくさんあるので、つぼみを3月の「桃の節句」までに咲かせて、販売したいと思った。

まず、せん定しながら、毎日40㎝以上の枝を集めて20本くらいで束ね、水を入れたバケツに入れておく。バケツを置く場所はわが家の廊下。自宅は日当たりのよい場所にあり、また、戸は二重ガラスなので、表廊下は大変暖かい。日中、水を霧吹きでかけてやり、つぼみの生長を促す。夜は寒いので、戸に段ボールを立てかけるなどして、少しでも暖かくしておく。

開花させれば売れ残りなし

出荷2週間くらい前より、家族が風呂に入ったあとのぬるま湯に、せん定枝の束を浸し、すぐにまたバケツに戻す。風呂場は暖かいので、バケツはその場に置いておき、翌朝また廊下に移す。これを10日のうちに3、4回行なうと、開花が早まり、2月下旬に先端から順に咲き始める。ぬるま湯に浸けないと、咲くのが3月の中旬になってしまう。

花が咲いたせん定枝を5～10本で束にして、直売所で販売する。値段は1束300～350円。お客さんの反応はよく、売れ行きも良好。10日くらいかけて、毎年だいたい100束ぐらいを売っている。

（長野県上田市）

モモのせん定枝を売るまでの道のり

せん定直後

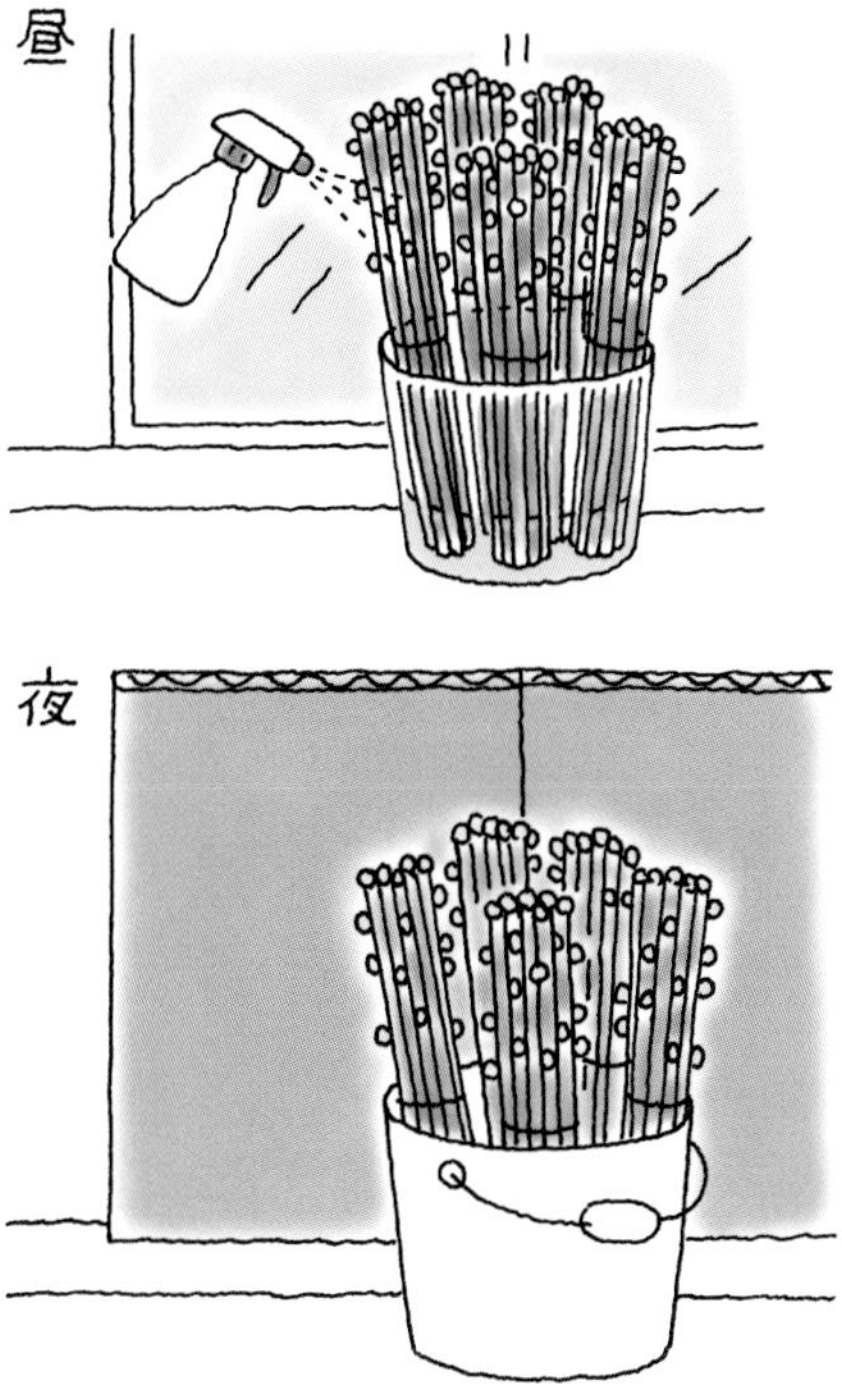

せん定枝を20本ずつ束ね、7～8束をバケツに入れて廊下に置く。暖かい日は1日に2～3回、霧吹きで水を吹きかける。バケツの水は1週間で取り換える

販売2週間前

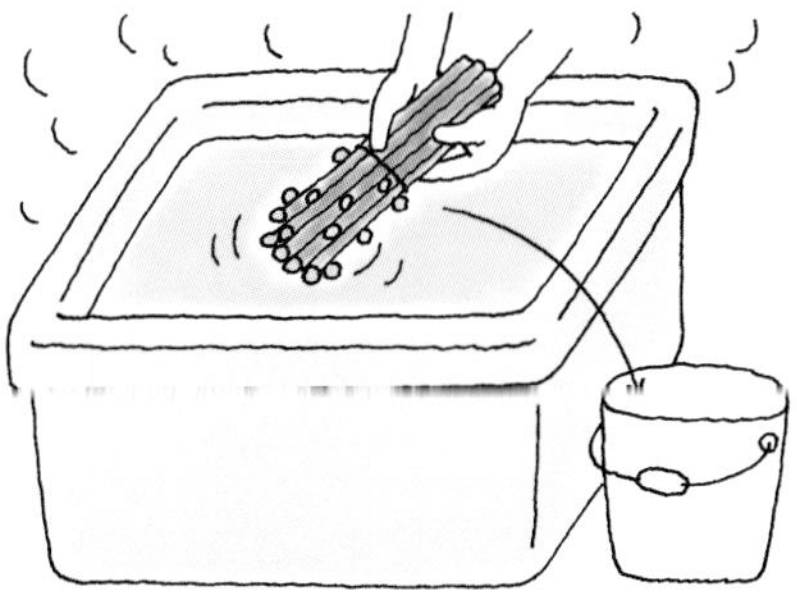

残り湯なので、温度は35～38℃。せん定枝を束のまま浸けて、すぐに取り出してまたバケツへ。バケツは朝まで風呂場に、日中は廊下に置く。これを3、4回。販売当日は5～10本ずつ束ねて販売する

実もの

挿し木で殖やしたヒペリカム(写真：田中康弘)

ヒペリカム

分類 オトギリソウ科オトギリソウ属
生育地 北海道南部から沖縄まで生育可能だが、野生のものは少ない
特徴 半落葉の低木で、多くの品種がある。5～6月に黄色い花を咲かせるものが多い
枝ものとしての利用 栽培された実ものが6～7月に出回るが、入梅時期のさび病により生産が安定しにくいため、しばしば価格が高騰する
出荷時期 6～10月

セットでも人気

群馬●都丸高宏

ヒペリカムは、わが家で一番長期間販売している花木です。直売所に持っていくのは6～10月。単独でもよいですが、ほかの花と合わせてもよく、非常に使い勝手がいいのです。たとえば、リアトリス5本にヒペリカム2～3本、カラー3本にヒペリカム2～3本、ほかにもテッポウユリやルリタマアザミなどとセットにします。

実の色は赤、ピンク、白、チョコレート色などですが、組み合わせるときは特に鮮やかな赤系がいいようです。同じ赤でも薄いものから濃いもの、実が小さいものから大きいものまで多種多様です。その中から売れ筋を挿し木で殖やしています。古い株を更新するときも挿し木苗を使用します。

ヒペリカムはその年に伸びる新芽の先に実がつくので、春先に地際の新芽を残し上部を刈り込むと、太くて長い枝が切れます。側枝が出た場合、大きな実をたくさんつけるために切除します。6～7月は側枝なしの1本立ちで数本束にして販売。8月以降は6～7月にとり残した枝先に側枝が出て、その先に花がつくので、それらも「2番」として収穫します。

(群馬県渋川市)

ブルーベリー

分類 ツツジ科スノキ属
生育地 アメリカ原産。種類と品種を選択すれば全国で栽培することができる
特徴 樹高1.5 ～ 3m。植付け後3年目から青い実がつく
枝ものとしての利用 実ものとして生け花やフラワーアレンジメントに使用される
出荷時期 5月下旬～ 7月末

実もの

せん定しながら枝もの販売

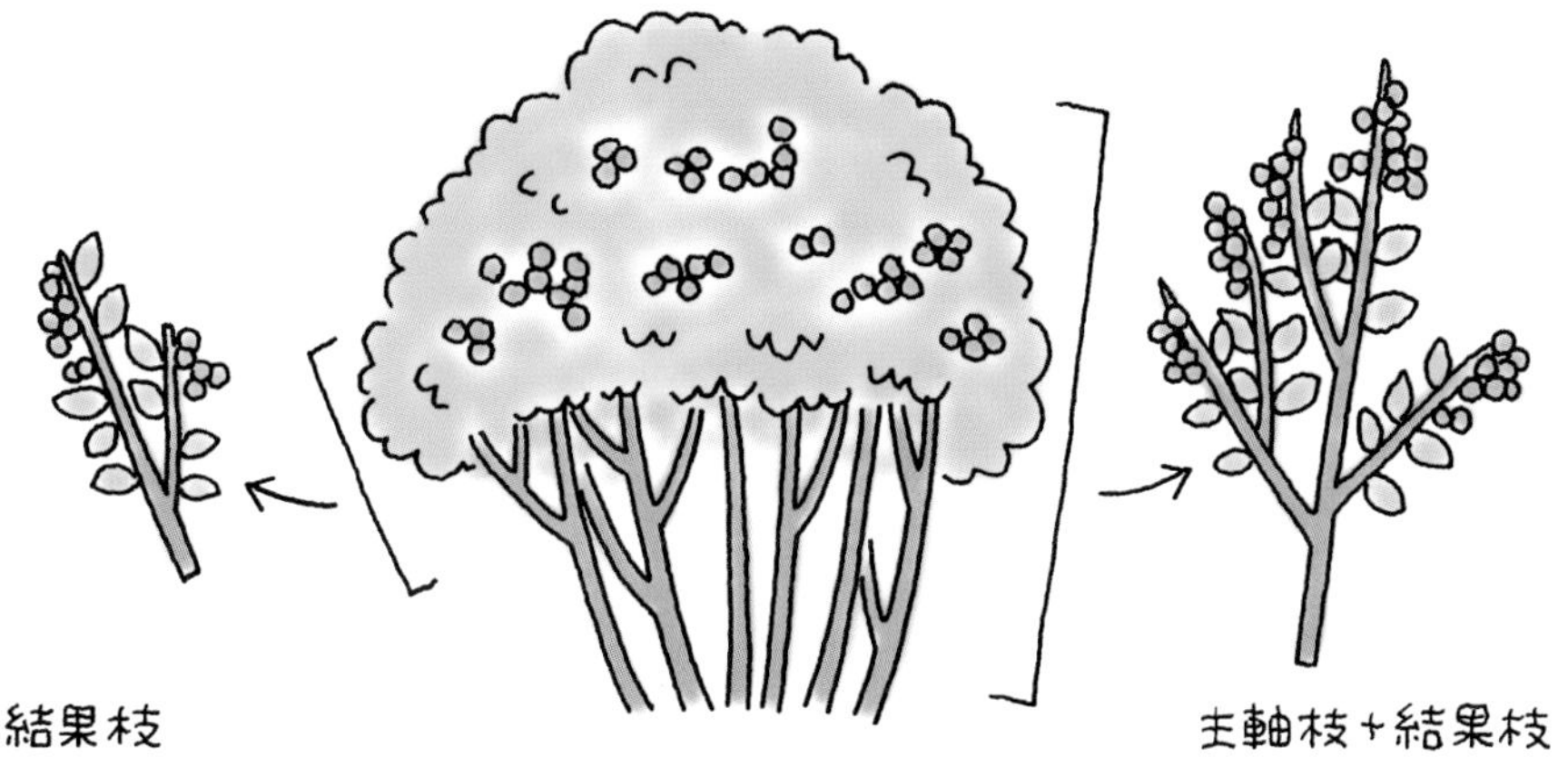

出荷する枝は、株内が混まないように取り除いた枝

青い実をつけたせん定枝を販売

群馬●齋藤和利さん

群馬県渋川市の「赤城ブルーベリー組合」では、春から夏にかけて切る実付きのせん定枝を、枝ものとして販売している。

この実付き枝、農協を通じて大田花きに出荷され、ナンテンのような使われ方をするらしい。出荷は5月の下旬から始まり、7月いっぱい。最後のほうは、青い実だけを残しながらの作業となる。とりわけ青々とした状態が好まれるのだ。

規格は50㎝、70㎝、90㎝、110㎝、150㎝、180㎝。組合長の齋藤和利さんの場合、地際から間引いた主軸枝を長い枝として、主軸枝につく結果枝を短い枝として出荷する。

現在、組合では15人ほどの農家がこの枝もの販売に参加しており、一シーズンでは2000箱超が出荷される。

老木でも、人気が落ちめの品種でも、改植いらず。せん定枝販売ならまだまだ稼げるのだ。

（群馬県渋川市）

ピンク色の実が熟して割れると、
中の赤いタネが見える

マユミ

分類 ニシキギ科ニシキギ属

生育地 北海道～九州。山地や身近な雑木林に生える

特徴 雌雄異株。根元近くから枝分かれし、樹高は3～5m。ときに10mにもなる。秋～冬、桃色に熟した実の中からきれいな紅色のタネが覗く

枝ものとしての利用 生け花用の実ものとして、非常に人気

出荷時期 11～12月

実の美しさにビックリ

静岡●前川俊雄

マユミは自分の山で野生樹を見つけ、実付きの多い品種に絞って畑で殖やしました。

枝ものの販売は11月下旬～12月中旬。直売所へ1日50束持っていきますが、よく売れています。

マユミは12月に入ると、ピンクの実が割れて赤く美しいタネが現われます。お客さんは「こんな花があるの！」と驚いていました。葉の落ちた姿が花材として使いやすいため、11月は葉を手でとってから販売します。

マユミを増殖する場合、挿し木だと約50%のロスが出るので、主に「根分け」をしています。株元を掘り、根を露出させて芽を出し、それを切り離して挿し、苗木をつくります。

ただし、マユミは年によって実付きの多い少ないがあります。また、野生動物の被害にあいやすく、特にシカが高さ2mまでの枝を食べてしまうため、電気柵が必要です。それ以外は栽培に手がほとんどかからず、増殖しやすく生長も早いので、これからもやっていきたいと思います。

（静岡県静岡市）

アオモジの枝。黄緑色のつぼみが全体につく

アオモジ

分類 クスノキ科ハマビワ属
生育地 本州西部、四国、九州以南の日当たりのよい山地に生える
特徴 樹高3～7mの落葉小高木。枝葉には芳香がある
枝ものとしての利用 1～3月の、黄緑色のつぼみが枝先に密についた姿が好まれる。生け花やフラワーアレンジメントでの人気が高い
出荷時期 12月初旬~2月末

枝もつぼみも緑色

静岡●世《よ》田《だ》辰仁

1972年から枝もの栽培を始め、市場に出荷しています。基本的に無農薬・無肥料栽培です。売れ筋は、なんといっても早出しのアオモジ。山間地でもしっかり育つ樹で、同じクスノキ科のクロモジに比べて生長が数段早く、つぼみが多いのが特徴です。株元で収穫したあと、その脇から出る芽がぐんぐん伸び、2年目に5mを超す枝になったら、また株元で収穫します。

つぼみは黄緑色で枝も青く、冬に緑を添える枝としてホテルやパーティ用の需要があるようです。

12月初旬~1月中旬に出荷すると、110~120㎝の枝1ケース150本が、約1万8000円で売れます。2月末まで出せますが、2月になるとまわりも出すので価格は5000円ほどまで下がります。

1月中は葉が残っているので、早出しの際は手で葉をとる必要があります。水揚げや水持ちがいいため、本数が揃うまで待って、2日に1ケースほど出荷します。

現在は100本ほど育てており、1年で20万円弱の収入になっています。

（静岡県浜松市）

ガマズミ

分類 レンプクソウ科ガマズミ属
生育地 全国の丘陵地や山地に自生する
特徴 樹高2～3mの落葉低木で、5～6月に美しい純白の花が咲き、9～10月に赤い実がつく。果汁には抗酸化物質が含まれ、健胃、疲労回復効果がある
枝ものとしての利用 春のつぼみや花、秋の赤い実とも美しく、生け花の花材などに大変人気がある
出荷時期 9～10月

ガマズミ。日当たりのよい場所で見つかりやすい（写真提供：樹げむ舎）

見苦しい枝ぶりほど売れる!?

鹿児島●山内政枝

幼い頃から山間育ちで、野山の花や実の中で育ちました。

二十数年前、放置されたヒサカキ園を手入れして市場出荷するうちに、その場所で自然に育っているさまざまな樹も枝ものとして売れる楽しさを知りました。

ガマズミは、くねくねと曲がった一見見苦しい枝のほうが高く売れることがあります。変わった形の枝を探して直売所に持っていきます。

（鹿児島県姶良市）

1～1.5mの枝は、3本1束400円ほどで販売

サルトリイバラのつると赤い実（写真：PIXTA）

サルトリイバラ

分類 サルトリイバラ科シオデ属
生育地 北海道南部～九州に自生。日当たりや水はけがよい場所を好む
特徴 多年生、雌雄異株のつる植物で、11～1月に赤い実がつく。関西圏を中心に、円形～楕円形の葉は柏もちを包むのに使われる
枝ものとしての利用 つるの表面はうねうねと変化があり、リース作りに向く。また、赤い実を活かし、生け花や正月のしめ飾りなどで喜ばれる
出荷時期 12月

製作中のクリスマスリース。フジのつるを芯材にして、スギの葉、ヒノキの葉、サルトリイバラの実を使った。茶色いのはサルトリイバラの葉だが、このあと思い直して外した

ぷりっぷりの実をリースに

大阪●伊藤雄大

クリスマスリースといえば赤い実が必須。サルトリイバラの赤い実はブルーベリーのように大きく、光沢がある。「サンキライ」として花材になるだけあって、何日経ってもぷりっぷりのままで持ちがよい。

実がたわわにつくのは日当たりのよい上のほうなので、まわりの木に登って採らないといけないが大変な思いをする価値はある。切りやすいところでつるを切ってひっぱり、家や畑で細かく切り直した。

「赤い実にもいろいろある」と知ると面白くなり、直売所で売るなら「わが町には何でもある」ことをリースで表現したくなった。素材はすべて山や野から集めて「山のリース」として販売することにした。

夜な夜なコタツで編んだ手作りのリースを1500～1800円で販売し、12個売れた。自分が作ったあのリースが誰かの家に飾られている風景を想像するだけで、昨年のクリスマスはよい気分で過ごせた。

（大阪府能勢町）

ツルウメモドキ

実が割れると、中の赤いタネが見える

分類 ニシキギ科ツルウメモドキ属
生育地 全国に自生。乾燥して日当たりのよいところに育つ
特徴 つる性の落葉樹木で、ほかの樹に巻きつくと20mも上る。雌雄異株で、5〜6月に黄緑色の花が咲く。果実は10〜12月に黄色く熟して裂開し、中から赤色の種皮が覗く
枝ものとしての利用 生け花の花材として人気があるが、あまり栽培されていないため、山野に自生したものがよく売れる
出荷時期 9月

道路脇から1束900円

秋田●菅野やゑ子さん

野菜や漬物を直売所に出す菅野やゑ子さん。道路脇の茂みに自生したツルウメモドキも、枝ものとして直売所で販売する。山を登る必要もないので、気軽に採りに行くことができる。

9月になり赤いタネを見つけると、菅野さんは車を停めて鎌で刈っている。50〜80cmの枝を3本ほど束ね600〜900円で販売。実が多いほど高い値がつくそうだ。

（秋田県大潟村）

菅野やゑ子さん

69ページ、世田辰仁さんが枝ものとして売るトウガラシ（写真：赤松富仁）

トウガラシ

分類 ナス科トウガラシ属
生育地 主に畑で栽培される
特徴 観賞用として、さまざまな色や形の品種が登場している
枝ものとしての利用 ハロウィンやクリスマスなど、イベント用の需要が増えている。リースなどの加工にも向く
出荷時期 9月末～11月

3色の実ものを生でドライで

福岡●古賀紀美子さん

古賀紀美子さんは、直売所でトウガラシの売れ行きが落ちてきたので、発想を変えて、食用でつくっていた赤、黄、オレンジの3種を枝付きのまま束にすることにした。飾ってもよく、食べてもよい。1日10束ほど売れるという。1束500円で、売れ残ったら束ごと日陰に干してカラカラに乾燥。それに今度は700円の値をつけるのだ。

（福岡県久留米市）

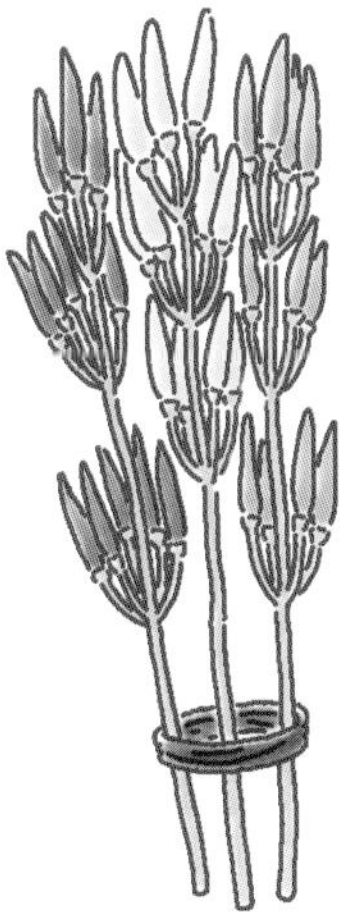

葉は取り除き、実と枝だけにして、3色（3本）を1束にする

酸性土壌を好むナツハゼ。肥えた土地だときれいに紅葉しないので無肥料で育てる（写真：田中康弘）

ナツハゼ

分類 ツツジ科スノキ属
生育地 北海道〜九州の林縁や明るい林中に育つ
特徴 樹高2〜3mで、8月中からの早い紅葉が特徴。7〜9㎜の赤い実が5〜10粒連なって着果する。この実は濃厚な風味でジャムに向く
枝ものとしての利用 紅葉や赤い実が人気で、栽培は少ないため山採りのものがよく売れる
出荷時期 夏場〜9月

山から移植、紅葉枝に需要あり

福島●渡邉松吉さん

耕作放棄地を利用してさまざまな枝ものを栽培する渡邉松吉さんは、30aの畑で約900本のナツハゼを育てている。山で自生する樹を見つけては、山の持ち主にことわって掘り起こし、移植して増やしてきた。

売れるのは主に紅葉が始まった夏場の枝。枝を切ると元に戻るのに5年はかかるため、受注に応じて収穫する。よい値で売れて、この夏も1m80㎝を20本という注文があり、1本1600円ほどになった。

売り物ではないが、実を焼酎に漬けたナツハゼ酒が「すごくおいしい」ので、それも魅力だそうだ。

（福島県塙町）

ナンテン

分類 メギ科ナンテン属
生育地 中間地〜暖地。乾燥して日当たりのよい砂壌土を好む
特徴 常緑または半常緑の低木。11〜2月の赤い実が特徴。葉は防腐材として使える
枝ものとしての利用 「難を転ずる」縁起物で、11〜12月に正月向けの実ものとして売れる。葉が締まって色が美しいものは、生け花用で高い値がつく
出荷時期 11月〜2月上旬

赤い実のついたナンテン。屋敷まわりにもよく植えられている

縁起物として大ヒット

静岡●前川俊雄

庭にあったナンテンの樹を挿し木で殖やして15年。現在は畑に１０００本ほどあります。次に植える予定の苗木も用意していて、毎年約２００本ずつ植えるつもりです。

販売は11月〜2月上旬。直売所とスーパーの8店舗に配達します。ナンテンは実付きの枝ものだけでなく、実がついていないものも紅葉の枝もので売れます。正月の縁起物として、2枝を束にしてラッピングして２５０〜２８０円。これがヒットしました。一日に、11月は50束以上、12〜2月は１００束以上、売れ残りなしです。

挿し木の時期は3〜4月。長さ20cmの穂木を作り、畑で日陰を作るために背丈くらいの高さに寒冷紗を張った場所に挿します。2〜3カ月は2日に1回水をかけ、根付いたら順次植え付けていきます。

これで苗木代は０円。ホームセンターなどで買うと1本７５０円はするので、毎年15万円ほどの経費節減になっています。ただし、挿し木をすると、途中で枯れたりして、約30%ロスが出ます。

（静岡県静岡市）

枝もの

アカメヤナギの枝。芽（苞）が赤く色づき始めている。これが名前の由来（写真はすべて佐藤和恵）

ヤナギ

分類 ヤナギ科ヤナギ属
生育地 河岸や湖岸、丘陵、湿地、岩場などに自生。挿し木繁殖が容易で、土手や畦畔、ほかの作物が育たない地下水の高い場所などでも栽培できる。寒冷地や暖地、土質や気象条件を問わない
特徴 種類がたくさんあるが、特にアカメヤナギの需要が高い。枝は1年に1 ~ 1.5m伸びる。苞（芽やつぼみを包む変形葉）や枝が赤褐色になり、光沢があって美しい
枝ものとしての利用 春一番に芽吹く縁起物で、冬～春に生け花の材料として喜ばれる。枝がよくしなるので、リースにも使われる
出荷時期 12 ~3月

新芽が膨らみ、春を告げる

静岡●前川俊雄

アカメヤナギとネコヤナギ

早春へと移ろう季節、ヤナギを直売所などで販売しています。長かった冬の終わりを告げる花材として人気があります。ヤナギにはいろいろな種類がありますが、私が栽培しているのはアカメヤナギ（赤芽柳）とネコヤナギ（猫柳）です。

アカメヤナギは冬から早春に新芽（苞）が小豆色になり、大きく膨らみます。同時に枝全体も濃い小豆色になり、ほかにはないすがすがしい色合いで、花材として美しいのです。まっすぐな枝を花瓶に挿すと、ヤナギの勢いを感じます。

ネコヤナギは純白の綿毛に包まれた新芽が大きく膨らんできます。暖かい春を知らせる花材でもあります。

この時期は、年に一度のヤナギの「晴れ姿」を見ることができるのです。

樹勢が強く、毎年多収できる

アカメヤナギは無肥料で育て、病気で葉

1アカメヤナギ。芽とともに枝も色づく
2アカメヤナギの樹。毎年、直立した枝が何本も伸びる

が枯れたりカミキリムシが出たりするので、殺虫剤と殺菌剤を年4回散布しています。冬期の低温には注意が必要で、山間地では場所によって枯れてしまうこともあります。ネコヤナギは病害虫に強いので、無肥料・無農薬で栽培でき、手がかかりません。

枝の収穫は12〜3月。どちらのヤナギも大木になるので、収穫が終わり次第、せん定で樹高を下げて1〜1・5mにします。すると、切り口付近からたくさんの徒長枝が出てきて、それらをまた次の冬から早春に販売。このようにヤナギは樹勢が強く、生長が早いので、前回よりも多くの枝を収穫できるのです。樹高を下げて、枝をまっすぐ上向きに伸ばせば、収穫時の作業効率も上がります。横向きの枝や垂れ下がった枝は品質が悪く、養水分のロスになるので、見つけたら取り除き、整理しておきましょう。次の収穫に備えて、少し手入れが必要です。

挿し木が簡単、生長が早い

ヤナギは挿し木で簡単に殖やせます。長さ30cmに切った穂木を深さ10cmで挿しておくと、6カ月後には植え付けられる苗木ができます。挿している期間、水はほとんどやらなくてよいでしょう。ヤナギは生命力がものすごく、挿し木した80%は根が出ま

アカメヤナギとユーカリの組み合わせ。ヤナギは長さ40～60㎝に切り、束にする。ラッピングして販売

す。ここ静岡市では一年中挿し木できますが、適期は1月下旬の萌芽直前。2～4月でも大丈夫です。畑に植えたら、1～2年目から収穫できます。

販売先は市内の直売所やスーパーなど、合計8店舗。自宅は静岡駅より30㎞入った山間地ですが、なるべく毎日持っていき、売るようにしています。早朝に家を出て、最後の店をまわり終えるのに3時間かかります。

セット販売が人気

ヤナギはほかの枝ものや花と組んで束にしたほうがいい気がします。その場合、黄色系、ピンク系、緑系が合います。たとえば、アカメヤナギ4～5本に対してユーカリ（品種は「銀世界」）3本、またはドドナエア1本、または野水仙5本。ネコヤナギ4～5本に対してツバキ1本、またはサンゴミズキ3本、またはトサミズキ3本、またはドドナエア1本。

どれも1束300円で、1日50束ほど売れるようになりました。組むときは、花持ちがいいもの同士を束にするのが人気の秘訣です。買ったお客さんも長く楽しめます。

去年、初めてネコヤナギ4本と大麦5本を組んでみたところ、お客さんに「何これ、もう春が来たみたい」といってもらえました。その人は自分用と友達用に2束買ってくれました。農家にとって、うれしさあふれる出来事でした。

これからも組み合わせる種類や色を変え、販路を広げていきたいと思います。

（静岡県静岡市）

キウイ

分類 マタタビ科マタタビ属
生育地 原産地は中国。土壌の乾燥や湿害に弱いため、土壌が深く（40cm以上）、透水性がよく保水力をもった土地が栽培に向く
特徴 つる性の枝を持ち、さまざまな樹形にせん定することができる
枝ものとしての利用 独特な枝ぶりが人気。生け花のほか、ドライフラワーとしてリースの素材にも
出荷時期 3～4月

玄関先に生けたキウイのせん定枝。枝がくねくねしているのが特徴。暖かくしておくと白い花が咲く

動き回るような姿が大人気

長崎●長野美代子

キウイのせん定枝の魅力は、動き回るようなつる性の枝ぶりが美しいこと、加工しやすく型崩れしにくいことです。

冬にせん定した枝の切り口を、春先まで3カ月ほど水に浸けておくと葉が芽吹きます。これを生けて暖かい場所に置いておくと白い花が咲き、約1カ月間は生花として観賞可能。落葉したら水を切り、葉や花を除けば、ドライの枝ものとして何年でも楽しめます。

枝を長持ちさせるため、せん定のタイミングには気をつけています。春先に枝を切ると、切り口から樹液が流れ出てせん定枝がすぐに枯れてしまいます。そのため、まだ芽が出る前の1～2月、寒くて樹が眠っているときに切るようにしています。

わが家ではせん定時に枝を長く切っておき、出荷前に生け花に向く1m程度の長さに調製します。多様なアレンジができるようになるべく違う形の枝を組み合わせ、3本1束150円で販売しています。年間で60束ほど売れています。（長崎県佐世保市）

ニシキギ

分類 ニシキギ科ニシキギ属
生育地 北海道から九州の雑木林などに生える落葉広葉樹
特徴 紅葉が非常に鮮やか。種類によって枝に板状の突起（翼）が発達する
枝ものとしての利用 庭木や花材（葉、枝）として利用される
出荷時期 12～3月は翼の発達した枝が売れる。そのほか、4月は新芽もの、7～11月は青葉もの、11月は紅葉ものとして、さまざまな時期に需要がある

秋のニシキギ。紅葉の美しさが錦にたとえられる

「翼《よく》」ありとなし、2種類を販売

静岡●世田《よだ》辰仁（静岡県浜松市）

自己選抜した2種類200本ほどを育てており、枝に翼がある種類が「鬼」で、ないのが「姫」。今はスマート&シンプルが受けるためか、わが家ではごつごつした鬼より姫のほうがよく売れます。1本80円、年間15万～20万円の収入になります。

植付け3～4年後、1mほどの長さになった枝から順に切って出荷します。切り口の脇から何本シュートを出すかがもっとも重要で、多すぎず少なすぎないよう、切り戻すときに残す芽の数で調製します。

出荷期間は6～11月。夏は涼しげな青い葉の枝を選び、赤みがかった枝は秋に出します。

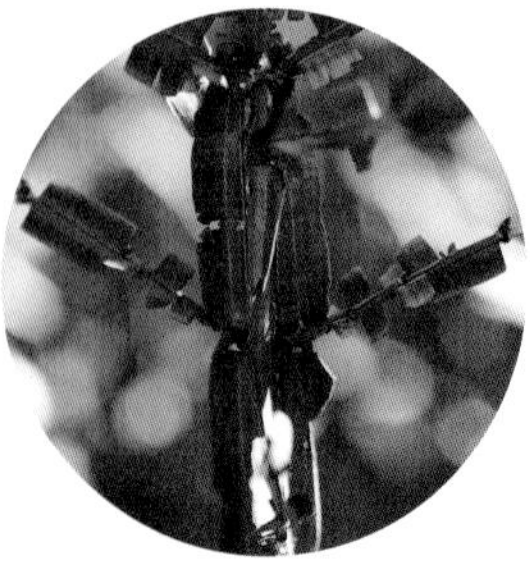

枝の両脇にはコルク質の翼が発達。翼のない種類は「コマユミ」と呼ばれる

第3章
枝ものの技術と経営

枝ものを〝なりわい〟としている農家にスポットを当てて、
その技術と経営を紹介。

静岡県浜松市
山本法秀さん

ユーカリ　6月中旬～3月出荷

作業の分散化とコストを意識した効率的なグニーユーカリの枝もの生産

定植時期の工夫と自家繁殖苗の利用によるむだのない経営

●山西 央（静岡県西部農林事務所）

産地の状況

静岡県の最西部、浜名湖の北岸にあたる浜松市北区引佐町から細江町、都田町にかけては、古くからクジャクヒバやユーカリなどの枝もの栽培が盛んである。

農地は山間部の傾斜地から、比較的市街地に近い平坦地と、広範囲に広がっている。地域によっては、枝もの以外の花卉類やミカン、水稲、チャなどを組み合わせた営農形態が見られる。

グニーユーカリはミカンからの転換作物として導入した経緯もあり、当初は山間部の傾斜地に多く見られた。しかし近年ではユーカリ栽培に特化した生産者も増え、それに伴い耕作がしやすい平坦地での栽培が増加している。

これまでの生花の添え物としての利用から、フラワーアレンジメントの素材（ドライフラワー含む）など、グニーユーカリの新たな利用場面が増えている。それに伴って需要も拡大しており、新たに栽培に取り組む生産者が増加し耕作面積が拡大傾向にある。

経営と技術の特徴

山本さんは、もともとミカンを栽培しており、約30年前にユーカリの栽培を５ａから始めた。10年前にはミカン栽培をやめ、ユーカリ栽培と水稲を組み合わせた経営に切り替えた。

現在、ユーカリは約40ａまで拡大し（次ページ写真）、10ａ当たり４００～５００株栽植し、年間約11万本の出荷をしている。そのほか、水稲を55ａ栽培している。

労力は妻と２人で、ユーカリの収穫は６月中旬から翌３月まで続き、主な出荷ピークは９月頃と年末から３月までである。

おおむね５～10年で改植を行なっている。定植後、数年が経過すると病害虫により欠株が生じ始める。欠株のあとに随時補植を行なっているが、補植株のその後の生育はあまり思わしくない場合が多い。圃場により、早いもので５年、長いものでも10年くらいで樹勢が落ち始めるので、本格的に収量が減少する前に改植を実施するように心がけている。概して排水の悪い圃場のほうが、グニーユーカリの経済寿命が短いようである。

ユーカリを平坦地（標高約40ｍ）で栽培しているため、傾斜地よりも高ウネ栽培を行ない、排水性には特に注意を払っている（山間部では、一般的に標高１５０ｍから２００ｍの傾斜地で栽培が行なわれている）。

肥料は基肥に緩効性の化成肥料を与え、

山本さんのグニーユーカリ圃場

経営の概要

経営　ユーカリと水稲の複合経営
立地と気象　市内の観測地点（標高約45.9m）、年平均気温16.3℃、8月の最高気温の平均31.3℃、1月の最低気温の平均2.2℃、年間降水量1,809.1㎜
圃場　ユーカリ約40a、水稲55a
栽培型　10a当たり400〜500株栽植、年間11万本出荷、春植えは3月下旬〜6月定植、秋植えは9月中旬〜下旬定植、収穫は6月中旬〜3月
苗の調達法　自家増殖（挿し木）
労力　家族（本人、妻）2人

生育を見ながら通常の化成肥料で追肥を行なうことにより、コガネムシ被害を避けつつ、肥料切れをさせない必要最小限の肥料をタイムリーに投入している。

山本さんは挿し木技術を独自に研究し、グニーユーカリの優良系統を自家増殖して苗木を確保している。種苗の調達コストを削減するとともに、生産物の品質を統一することにより、有利な販売ができることが大きな特徴である。

また、苗の調達時期を自分で調整できるため、定植時期をずらすことにより、作業の分散化をはかるとともに生産物の品質向上にもつながっている。

地域では、ユーカリ栽培のトップリーダーとして品質と利益率の高い生産を行なっている。

これからの栽培の課題

近年の地球温暖化の現象を目の当たりにすることが多く、特に夏の猛暑が続くと病虫害が多発するようになった。いわゆる炭疽病の発生が年々ひどくなり、葉に斑点ができるだけでなく、多くの葉が落葉し、木が枯死する場合が増えてきた。

これからは葉の形質が良いだけでなく、病害にも強い系統を選抜して増殖していく必要性を感じている。

品種選択

現在、部会では主にグニーユーカリと丸葉ユーカリの2種を取り扱っている。グニーユーカリの管理のしやすさと需要が増加したことにより、丸葉ユーカリの栽培は減少傾向にある。

地元の農協経由で苗を調達しているが、実生系統は形質にバラツキがあるため、クローン苗のほうが生産物の品質が統一され、出荷の際は有利である。

そのほかの品種として、一部の生産者でポリアンセモス種など、新たな品種を独自に導入し始めている事例がある。

栽培管理のポイント

年間の各作業と管理のポイントは以下の通りである（次ページ図参照）。

定植　定植時期は春植え（3月下旬〜6月定植）と秋植え（9月中旬〜下旬定植）がある。

春植えの場合、収穫はその年の8月以降となる。夏期の乾燥とコガネムシ幼虫の被害により、当初管理に手間がかかるうえ、初期の収量が少ない傾向が見られる。

秋植えの場合、収穫は翌年6〜7月から始まり、十分な肥培を経たボリュームのある枝を収穫することができる。

年間の生育と作業

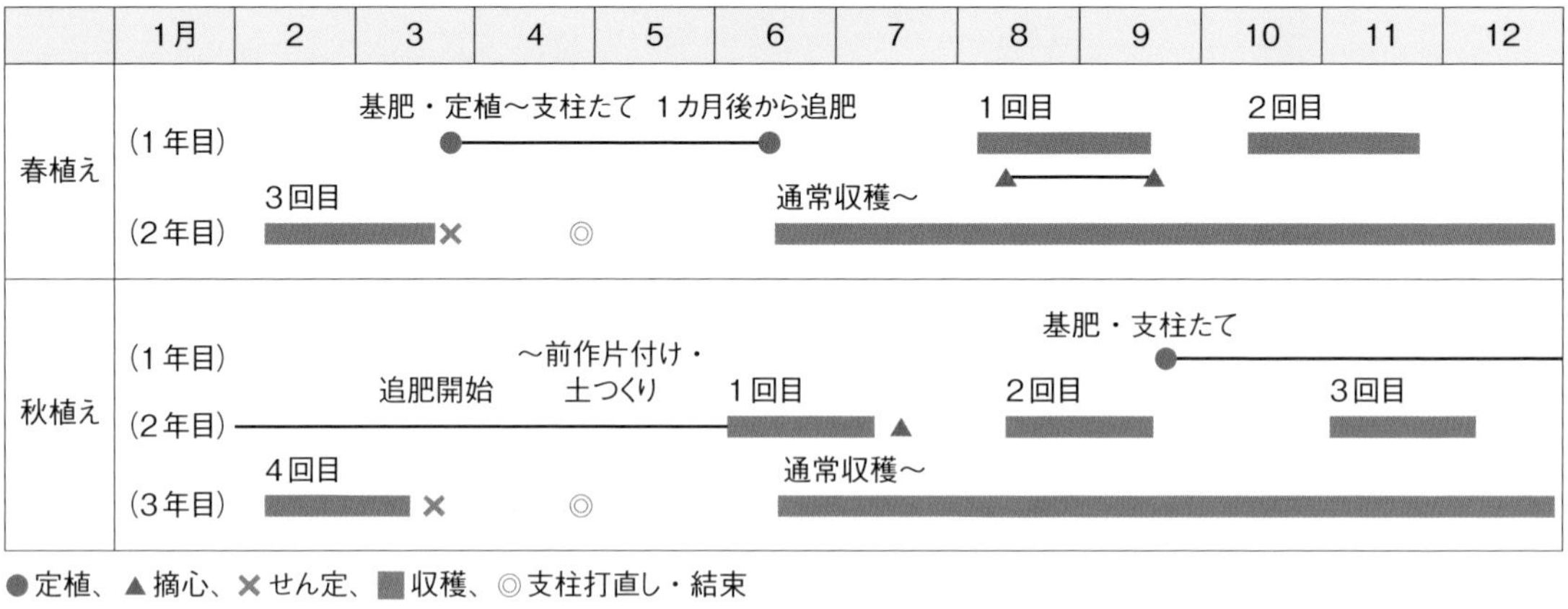

春植えと秋植えを組み合わせることにより、改植後の作業の分散をはかることができる。

仕立て法およびせん定　春植えと秋植え後、いずれも基本的にピンチはせず、初回は15㎝（2L）1本の収穫を目指す。初回の収穫時に主幹の台の高さを30㎝程度に調整する。

年々、台の高さが高くなってくるため、成木後の収穫時には、ときどき強く切り戻して台の位置を低くする。切り戻すことにより、作業性が良くなるだけでなく、木が若返り、上位階級の収量が増える効果が期待できる。

施肥　基肥として、定植時に緩効性の化成肥料（10-10-10）を与え、その後は葉色と生長を確認しながら通常の化成肥料（8-8-8）で追肥を行なう。

堆肥や有機質肥料はコガネムシ幼虫の発生を増長させるため、必要最小限を投入するようにしている。

圃場選定と定植準備

ユーカリは乾燥には比較的耐えるため、基本的に生育の全期間中、灌水は雨水のみで管理することができる。

傾斜地や不便な場所に植え付けることも可能であるが、定植直後や夏期の強乾燥時は、場合により散水することも必要であり、薬剤散布や改植の都合からも、農業機械が余裕を持って入ることができる圃場を選ぶことが好ましい。

地下水が停滞したり、排水の悪い平坦地の圃場の場合は、暗渠を入れたり、高ウネにするなど、事前に十分な排水対策を行なっておく必要がある。

山本さんは、できるだけ平坦地を選択してユーカリを栽培しているが、排水対策として20㎝程度の高ウネ栽培を行ない、土地の排水状況により、ウネの高さを調整している。また、定植後は土寄せにより高さを随時調整している。

定植前には土つくりを行なうが、石灰窒素などで土壌消毒のうえ、土壌改良剤とともに基肥を投入する。コガネムシ幼虫の発生を抑えるため、土壌改良目的の堆肥を投入する場合は必要最小限とする。基肥は緩効性の化成肥料（10-10-10）を使っている。

定植（改植）の前年に挿し木した苗木を、一度鉢上げして養成したものを植え付けるが、生長の進んでいるものは春植えとし、生長の遅いものをさらに養成して秋植えとしている。

また、改植時は前作の収穫をいつまで続けるかにより定植時期を決めており、前作

施肥管理

区分		種類	成分	施肥量
1年目	基肥	緩効性化成肥料	10－10－10	植付け時、植え穴に1株一握り程度施用
	追肥	普通化成肥料	8－8－8	春植え：定植1か月後から 秋植え：翌春3月から それぞれ、葉色を見ながら毎月施用する
2年目以降	追肥	普通化成肥料	8－8－8	せん定後、葉色を見ながら基本3カ月おきに施用する。生長が停止しないように、常に肥料が効いている状態を保つ

注　定植前に土壌改良として堆肥を施用するが、極力最小限としている
　　追肥に菜種かすをまく場合もある

の収穫を4～5月まで続けた場合、抜根し土つくりの期間を考慮して秋植えとする。

　春植えと秋植えを組み合わせることにより、植付け当初の日常管理や栽培初期の収穫作業を分散化することができ、少ない労働力でカバーすることができる。

　定植間隔は、ウネ幅200cm、株間100cm、10a当たり500株程度と、少し広めの定植としている。

　グニーユーカリは根が浅いので、定植後必ず支柱に結束して倒伏を防止するが、定植前に先に支柱を打ち込んでおき、苗を植え付けたあと、支柱に結束するようにしている。このようにすると、必要苗数が事前に把握でき、植える位置を一定にすることができる。

肥培管理

灌水　定植後、雨が降らない場合は灌水し、活着を促す。生育期間中は乾燥に強いが、乾燥の続く夏期は必要に応じ灌水を行なっている。

施肥管理　基肥として、定植時に緩効性の化成肥料（10－10－10）を1株一握り程度植え穴に置く。春植えは、その後おおむね1カ月に一度、葉色と生長を確認しながら、通常の化成肥料（8－8－8）で追肥を行なう。秋植えの場合は、芽が動き出す春先から追肥を開始する。

　肥料切れすると、葉が小さくなったり、節間が短くなったりと生長にムラが出るので、葉色や生長具合を観察しながら、こまめに追肥をする。

　堆肥や有機質肥料の投入はコガネムシ幼虫の被害が増えるため、必要最小限としており、定植時には殺虫剤（粒剤）を土壌混和施用している。

仕立て方法、せん定方法

春植えの場合　3月下旬～6月に定植後、主軸のピンチはせず、そのまま1本を伸ばす。8～9月に115cmの枝を切り、主幹の台を30cmに調整する。10～11月に、90cmの枝が1株当たり3～4本収穫できる。次の収穫が年明けとなり、収穫後にせん定を行ない、木を整える（上図参照）。

秋植えの場合　秋植えの場合、定植時期が非常に限られ、9月中旬～下旬となる。これより早いと残暑により活着が悪くなり、遅いと活着するものの冬が来るまでに十分な生育が間に合わず、寒害を受けるおそれがある。

　春植え同様、定植後の主軸のピンチはせずにそのまま伸ばし、翌年の6～7月に115cmの枝を1本収穫し、主幹の台を30cmに調整する。秋から春にかけて、株が十分

グニーユーカリの仕立て方法

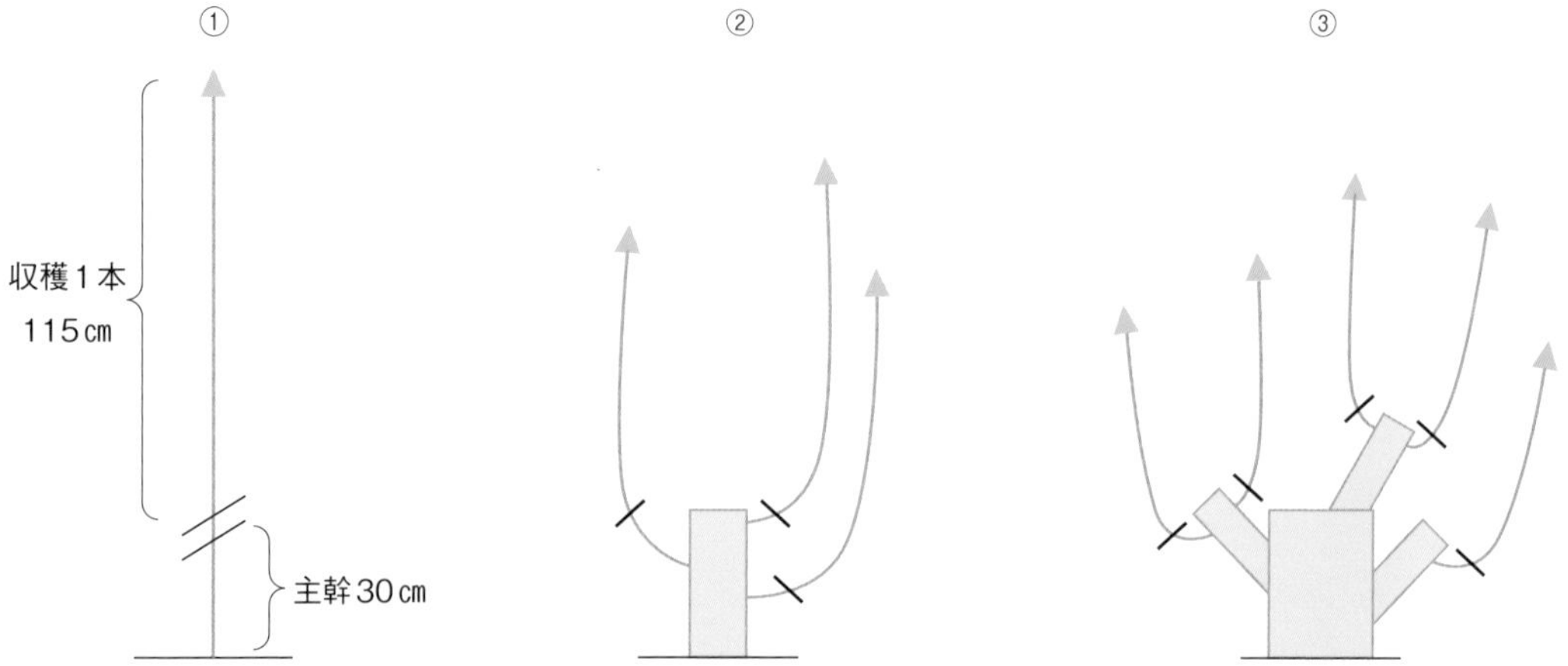

春植えの場合
①3月下旬～ 6月に定植後、主幹を30cmにする摘心を兼ね、8 ～ 9月に115cm 1本を収穫する
②10 ～ 11月に90cm程度を3 ～ 4本収穫する
③翌春収穫後、せん定をして木を整える。
以降、年々台の高さが高くなるため、ときどき③くらいまで強く切り戻す

秋植えの場合
①9月中旬～下旬に定植後、主幹を30cmにする摘心を兼ね、翌年6 ～ 7月に115cm 1本を収穫する
②その後、8月にボリュームのある枝が3 ～ 4本収穫できる
③11月に3回目の収穫をして、翌春4回目の収穫後、せん定をして木を整える

に肥培されているので、春植えよりもボリュームのある枝を収穫することができる。

その後、２回目の収穫は8月に３～４本、３回目は11月に収穫することができる。年明けの４回目の収穫後、せん定を行ない、木を整える。

せん定や収穫の際は、節の１cm程度上部で切り取り、切り口の直径が１cm以上のものにはペーストを塗って、枯れ込みを防いでいる。

収穫・出荷

朝または夕方に、芽先が固まっている枝を選び、サイズを統一して収穫をしている。

あらかじめ軽トラックの荷台に水を入れたバケツを準備しておき、収穫直後から水揚げができるようにしている。収穫後、特に冷蔵は行なっていないが、夏場はしっかり水揚げを行なうことにより、芽先のしおれを防いでいる。

バケツ１杯に２Lサイズを25本入れることができ、軽トラックにはバケツを20杯積んでいることから、一度に２Lサイズを５００本収穫・搬出できると計算できる。

２Lの出荷規格は１ケース50本入り（次ページの図と写真参照）のため、軽トラック１台で２L規格を10ケース出荷できることが収穫の時点で想定でき、そのときどき

115cmサイズ（2L）のグニーユーカリ
入り本数により詰める段数や1段当たりに詰める束数が異なる。出荷ケースの大きさが決まっているため、規格の上限が115cmとなる。115cm以上の規格を出荷する場合、新聞紙やボール紙で包み、適宜ひもでしばり整える

ユーカリ 115cmサイズ・50 本詰めの様子
（ケースを横から見た断面図）

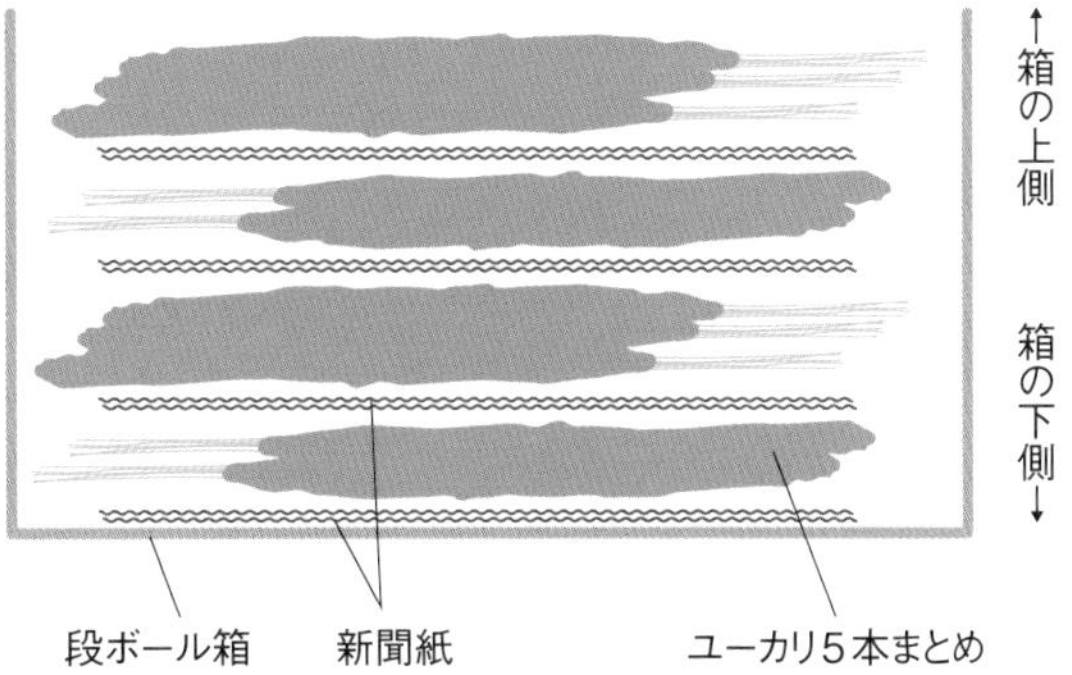

①ユーカリ115cmサイズ→1ケース当たり50本入り
②ユーカリの枝を5本ずつまとめた束が10束入っている
③段ボール箱の下から、2束→3束→2束→3束と交互に重ねて層にし、10束入れる
④それぞれの束の層の間に、新聞紙をはさむ

JA とぴあ浜松における
グニーユーカリの出荷規格

長さ（cm）	1ケース入り本数（本）
115	30 ～ 50
100	30 ～ 50
90	80
70	150
60	200
50	200
40	200

の市場情勢を勘案して、計画的でむだのない収穫・出荷を行なっている（次ページの上表参照）。

生産性向上対策と今後の課題

全国で花木栽培（特にユーカリ）が注目されている中で、将来的には産地間競争が激化することが見込まれる。また、海外からの輸入品も、ますます増えることが予想される。

今からできる対策として、JAを中心に統一したグニーユーカリの系統を自給する体制を整えることが必要である。

生産者には栽培マニュアルを整備・配布して栽培技術のレベルアップをして、各生産者の品質向上と安定生産をはかる。各産地や市場視察など、勉強会を開き、計画的な出荷体制を築き、有利販売を行なう。

JAを窓口にして後継者不足を解消し、より多くの生産者と組織の強化をはかり、生産活動を進めることが重要だと考える。

センリョウ　12月出荷

自生地に学ぶ環境・養水分管理

高品質・安定生産による所得向上

和歌山●柏木祥亘

筆者

産地の状況

筆者は土壌改良普及員を退職してからセンリョウ栽培（２００㎡）に取り組み、センリョウにかかわること半世紀がすぎた。

和歌山県におけるセンリョウ生産は戦後すぐに始まり、一時は40haを超える勢いであったが、最近では20ha前後にとどまっている。産地は日高地方（13ha）を中心とした中山間地域であり、そのほとんどが水田であったところに栽培されている。

山村の有利品目として導入され水田転作を契機に増反し、特に１９８２（昭和57）年度からの活力ある山村づくり推進事業「ふるさと産品推進事業」により拍車がかかった。名実ともに関西一の産地として市場からも高い評価を得ている。

経営と技術の特徴

センリョウ栽培上の一番の課題は施設費が高くつくことである。

昭和40年代の被覆資材は割竹が主流であったが、割竹の耐用年数（５〜７年）からみて修復作業が大きな負担になっている。昭和50年代に入るとのじ板（スギ、ヒノキ材）、寒冷紗に移行し、現在は左ページ表のように多様化している。黒寒冷紗の被覆についての総合評価は「△」になっているが、日高川町の生産者の中には、小屋の換気に工夫をして「◎」の成果を上げている方もいる。

被覆の仕方により、いかに簡単に修復でき耐用年数を長くし、温度管理を速やかにできるかがセンリョウ栽培の最大のポイントになる。

栽培の課題

高品質の切り花率を上げようとする場合、次のような問題点が挙げられる。

・マイナー作物であるため栽培技術の知見が少ない
・施設費など初期投資が高くつく。また修理・補修費もつきまとう
・作付け地の選定ハードルが高い
・難防除病害虫（イチゴセンチュウによる立枯れなど）に登録のある薬剤が少ない
・鳥獣による被害の増加
・生産者の高齢化と後継者不足

以上、主なものだけでこれだけの問題がある。これらに対しては、今後なお一層、生産者間の情報交換、交流を高めていくことが肝要と思われる。

品種の特性とその活用

センリョウは自然交配であるためにいろいろな系統があり、その中から優良種を選

赤実大粒種（早生系）

黄実千両

経営の概要

経営　センリョウ（寒冷紗被覆）、水田
気象　年平均気温15.8℃、8月の最高気温の平均35.1℃、1月の最低気温の平均1.7℃、年間降水量2,074㎜
土壌・用土　山土れき質土壌客土（表層15cm）
圃場・施設　骨組み：パイプ、被覆資材：黒寒冷紗
品目　センリョウ（ベッド栽培）
苗の調達法　自家育苗
労力　家族（本人、妻）2人

被覆資材別特性

被覆資材	骨組資材	建設費（10a当たり）		資材耐用年数	園内温度	実付き	総合評価
		費用（万円）	備考				
割竹（自家調達）	間伐材（自家調達）	60	屋根のパイプ代	竹：5～7年 支柱：8～10年 パイプ：15～20年	◎	◎	◎
	パイプ	120		竹：5～7年 パイプ：15～20年	◎	◎	◎
のじ板	パイプ	250～300	のじ板のヒノキ材はスギの1.7倍高値	ヒノキ材：5～6年 スギ材：4年くらい	○	○	○
	L鋼	350	台風時など災害には修復がしやすい	パイプ：15～20年 L鋼：20年くらい	○	○	○
天井：のじ板 側面：黒寒冷紗	パイプ	250～280	側面巻き上げ換気が望ましい	のじ板：上記 黒寒冷紗：10～15年 パイプ：15～20年	○	○	○
黒寒冷紗	パイプ	150～200	実付きを良くするには天井・側面換気ができる工夫が望まれる	黒寒冷紗：10～15年 パイプ：15～20年	△	△	△
	L鋼	230～250		L鋼：20年くらい	△	△	△

定して栽培されている。大きく分けると果実の色によって、次の3つに分けることができる。

赤実大粒種（早生系）　本州最南端串本町大島の栽培地でも11月25日頃にはほぼ完全着色になっている。最近は「千両市」が早くなるなどで、早生系の赤実大粒千両が主力を占めている（左上写真）。

赤実小粒種（晩生系）　早生系より着色が10～15日くらい遅い。1花房当たりの粒数が多いので、栽培農家には根強いところがある。

黄実種　果実は黄色、葉は濃緑で、茎は緑色で薄く熟期はやや遅い。切り花用としては赤実の1割程度である。比較的実付きは良く結実率は高い（左上写真）。

生長、開花調節技術

枝葉の生育　センリョウの生産のポイントである新茎（竹の子）の発生期は、通常秋末から早春である。それ以外の季節にはあまり発生しない。新茎の発

センリョウの一生の生長過程

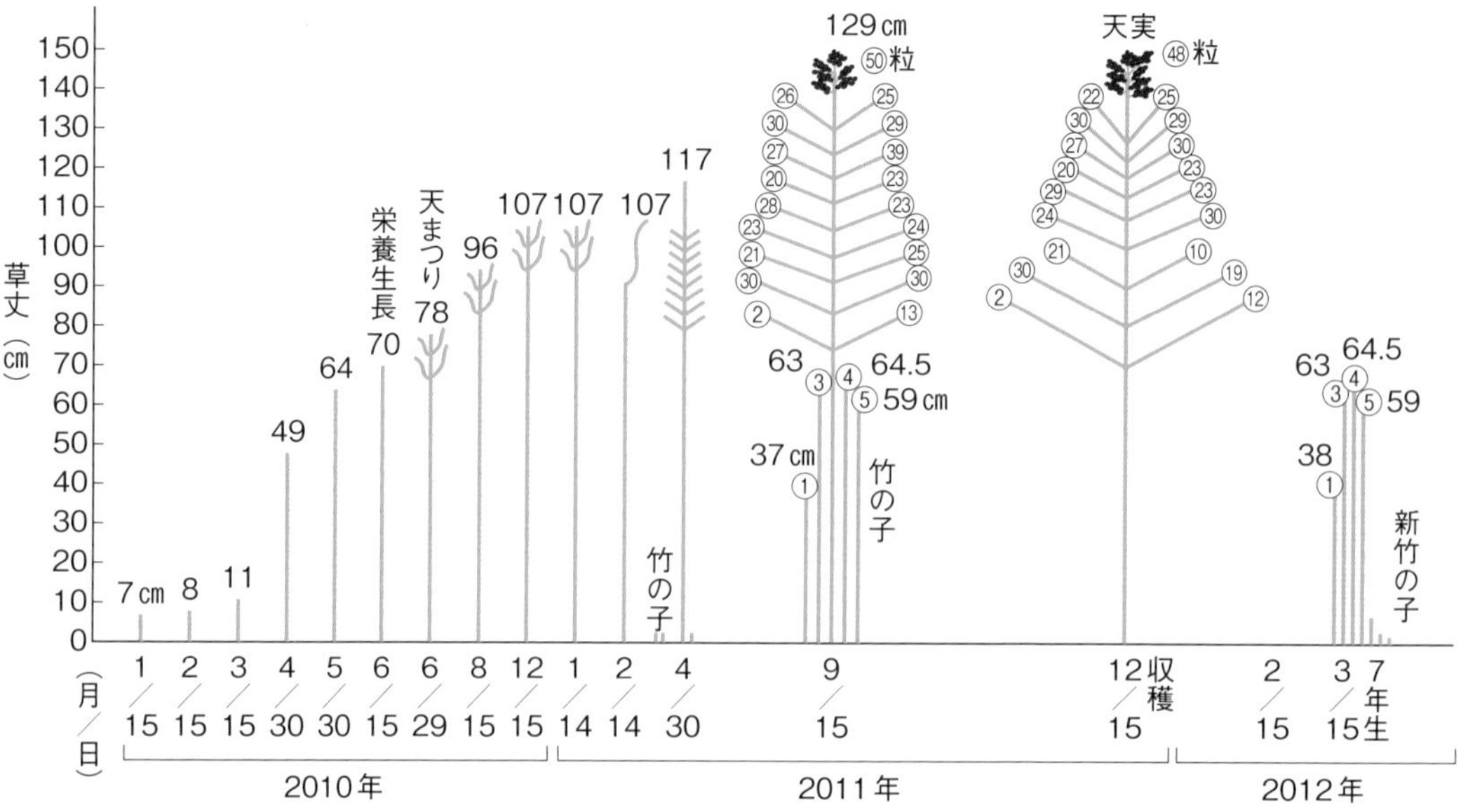

○内の数字は粒数を表わす

春に伸長し始めた新茎は翌年開花・結実し、収穫枝となる

生要因はあきらかではないが、環境よりも株全体の生育と関連しているようにみえる。

新茎は1年目には栄養生長のみで、4月から7月にかけて急生長を遂げる。高温期には先端部でやや分枝するが、基本的にはそのまま越冬し、翌年春～初夏にかけて多くの分枝を出し、それらの先端に着花・着果する（6～7月）。この実が着色すると収穫枝となる（上図参照）。

年により多少異なるが、同一株上の新茎の発生と発育は毎年同じパターンで繰り返されていることがわかる。

花芽の発達と結実　新茎は2年目の4月以降に上部の腋芽を伸ばし、多数の分枝をつくる。それらの分枝の先端で花芽が分化し、すぐ開花する。こうして秋収穫する枝の基本形が完成する。

花芽は分枝の先端に形成されるが、4月下旬～5月上旬に分化し始めたあと、6月上旬までに一気に完成し、6月中旬～下旬に開花、7月には結実する。花芽分化の期間から結実の間は、外的条件によって障害を受けやすく、特にきわめて特異なセンリョウの花は風雨によって花粉が流され、不稔になりやすいと思われる。いずれにしても、5～7月の管理には十分な配慮が必要である。

環境管理と養水分管理のポイント

気象環境　施設では、7～9月の開花・結実期の気温が高くなりやすく、良好な生育を示す自生地に比べ5℃以上も高い。自生地の温度に近づけるのがよいと考えられる。現在のところ、日焼け防止資材が高温防止を兼ねているが、温度管理からみると効果は完全ではない。自生地では、気温・湿度・通風・林木による遮光が組み合わさって気象環境をつくっているので、この見地から栽培施設での管理を見直す必要がある。

自生地と栽培優良長寿園（30年生以上）を比較すると、次の共通点があった。

- 地面は排水良好
- 株元は有機物で覆われている
- 風通しが良い

年間の生育と作業

月	生育	作業	注意事項
1～2	休眠	1：敷ワラ、誘引、土壌保護 2：小屋の修理 2～4：（苗づくり）種まき	寒害（雪害など）に注意 イチゴセンチュウ被害園では定期的な観察と対策
3	新茎（竹の子）発生	薬剤散布	雨が多くなってきたら病害虫の発生に注意。 園内環境にも注意
4	新茎伸長（4～5）	定植、欠株などの補植、改植 薬剤散布 雑草対策	
5	下旬　収穫枝に発蕾	薬剤散布	高温対策、特に換気は早めに
6	開花・結実（6～7）	新茎（竹の子）整理と誘引 薬剤散布 若木園（3年生まで）に施肥	梅雨期には排水対策と病害虫防除は早期に実施
7	腋芽（栄養芽）伸長 果実肥大	薬剤散布	梅雨明けからの高温乾燥に注意
8	一部で落果が発生 不受精・高温障害	薬剤散布	腋芽（栄養芽）の早期除去はしない 台風対策（速やかな事前・事後処理）（8～10）
9		薬剤散布 腋芽（栄養芽）除去	
10	果実着色始まる		
11	安全着色期に入る	収穫、出荷準備 収穫（11～12） 荷づくり、出荷	鳥獣害対策を万全に
12		次期収穫枝の誘引 お礼肥、敷ワラ	寒害（寒強風など）に注意

新茎とは、晩秋から春にかけて地中から発生する竹の子状の茎をいう

• 西日が早く陰る
• 土壌pHが低い
• 肥料分が少ない

施設管理：夏場の通風対策　現在の生産施設では自生環境に比べ夏場の通風障害が多い。風通しを良くすることで園内温度が低下し、受粉が促されるため、確実に品質を上げることができる。

土壌環境　センリョウに適する土壌環境はかなり特異である。栽培地では、栽培途中で問題（ウネの崩壊、湿害、トラ葉の発生など）が発生した場合に解決しにくい。これまでの経験も含めて考えると、栽培にあたって考慮すべき点は次の通りである。

• 土の流亡、ウネの崩壊の防止
• 排水対策（傾斜地以外ではカマボコ型ウネ立て）
• 低い土壌pH（5・5以下）が保てること
• 土に含まれる肥料成分が少ないこと
• 土壌問題の発生しそうな場所ではベッド栽培にする

栽培管理のポイント

年間の生育と作業については上の図の通り。

種苗、育苗

採種　果実の色が鮮やかで、実付きの良い

茎のしまった無病の個体を選び、種とりをする。栽培されている赤実種にも、種々の細かい系統が混じり合っている。素性の良い株からの種とりを心がける。特に黄実種と混在している付近では採種しない。
　収穫後に完熟した種子をとり、すぐに播種するかビニール袋などに入れて貯蔵しておき2～3月に播種する。種子の乾燥は発芽不良の原因になる。
播種床の準備　排水の良い肥沃な圃場を選び播種1カ月前までに肥料を施し、土壌とよく混和しておく。施肥量は1ａ（1ウネ）当たり完熟堆肥200kg、菜種かす10kg程度。
播種　ウネ幅120cmくらいの播種床にばらまきするか、3cm間隔の条に点播する。覆土は、種子の2倍程度の厚さに行ない、その上に稲ワラを敷いて十分灌水する。本畑10ａ当たり5～6ℓの種子をまいておくと間引きもでき、質の良い苗が確保できる。
　種子（実付き）は1ℓで約4600粒、420～430ｇである。
苗床管理　発芽は6月頃となるので、除草と乾燥防止に注意する。発芽し始めたら敷ワラを除き、50～60cmくらいの高さに70～80％の遮光になるよう日覆いをする。密生しているところは間引きを行ない健苗を育てる。

土つくりと施肥

土つくり　一度定植すると10年以上も栽培が続けられるので、定植までに十分な土つくりを行ない、水田であればすき床を割っておいたほうが良い。前年の秋から粗大有機物（10ａ当たり、稲ワラまたは落ち葉・刈草1ｔ、ピートモス10～15袋など）をすき込んで、よく腐熟させることが望ましい。排水の悪いところには暗渠や明渠を設け、十分な排水対策をする。
施肥　センリョウは山林内で自生し、落葉の堆積で腐植含量の高い土壌から養分をとり、生育しているのが自然の姿である。したがって、肥料を多く施しすぎると根を傷めたり過繁茂となり、結実を悪くすることが多くなるので、年間施肥量は1kg／ａが望ましい。
　栽培にあたっては、できるだけ粗大有機物を多く入れて土壌の腐植含量を高めていくことが重要である。施肥には油かす、骨粉などの有機質肥料を中心に、カリの施用には硫酸カリを使用する。肥料は条間に施用しておくだけでよい。成木園で、年間10ａ当たり窒素成分10～15kgくらいを施用する。少なくするほど良い。速効性肥料（無機肥料）は根を傷めやすいので禁物である。

定植

定植、栽培管理の原点はすべて自生地に求められる。事前に土壌pH、土地や施設の排水性、温度、通風、日照時間などを調査したうえで作付けすることを心がける。

　圃場は、排水の良い砂壌土で、環境条件として朝日が早く当たり、西日の早く陰る風通しの良いところが望ましい。前作が野菜、花、果樹などの圃場は避け、できるだけ水稲の後作か休耕地がよい。自生地は酸性土壌である。土壌pHの高いところ（5・5以上）では葉脈間黄化症（トラ葉、次ページ写真1）の発生が多く見られる。

　施設の柱がウネの中央になるように120cm幅のウネを立て、株間35～40cm千鳥に2条植えとする。定植時には植え穴に根をしっかり埋め込み、土と根が密着するようにていねいに植え込んでいく。

　定植の時期は4月上旬～5月上旬がよく、定植が終わったら乾燥防止と雨滴によるウネ崩壊防止のため敷草などを十分に行なう（次ページ写真2）。

主な管理作業

水管理　センリョウは比較的乾燥に強いほうである。しかし、梅雨明け後の猛暑乾燥が10日以上続くと、耕土が浅く、特に西日

1トラ葉（葉脈間黄化症）　2定植状況　3平地（自園）の施設
遮光を重視すると通風が悪く、高温になりやすい

が長く当たるようなところでは萎凋症状の発生が見受けられる。このようなときはチューブ灌水、ウネ間灌水などで早めに対処する。

温度管理　センリョウの一生で一番大事な時期は、開花（6月上旬）から結実（7月中旬）、果実肥大初期（8月上旬）にかけてである。このときの温度管理すなわち風通しをいかに良くするかが、高品質安定生産のポイントといえる。

遮光方法　89ページ表に示したように、遮光方法は最近では多種多様なスタイルに変わっている。筆者の施設（全面寒冷紗被覆、上写真3）は、2018年9月で13年経過する。これまでに修理・修復なしで今日に至っている。今後の被覆スタイルの方向とも思われる。

採花と鮮度保持

収穫　11月中旬から着色の進んだものを収穫し、病葉や傷葉を摘葉し調製は計画的に行なう。切り取ったあとは慎重に運搬し、実落ちを防ぐために半日くらい日陰に置き、しおれさせてから出荷規格にもとづいて調製・選別・結束作業を行なう。結束後、束ごとに包装紙を巻いてから水揚げする。きれいな水で水揚げし、長く置く場合にこまめに水を変える。水揚げ期間中室内がムレないように通気、換気に注意する。

出荷　JA紀州で使用される段ボール箱は、鮮度保持を高める特殊加工された横箱と湿式出荷用容器（ダルマ）を縦箱底に入れる二通りがあり、それぞれ出荷規格により仕分け、箱詰めする。

今後の課題

今後の課題は、生産者の高齢化、後継者難による年々の面積減に歯止めがかからないことである。加えて和歌山のセンリョウ生産は、規模が小さいうえに生産地が広い範囲に分散している。これは市場流通する生産物にはかなり不利な条件である。この弱点をカバーするには、十分な情報交換、特に生産者の交流が必要不可欠である。

（和歌山県　柏木農園）

アカシア（ミモザ）　12〜4月出荷

一斉開花と日持ちの良さを実現

前処理の徹底ときめ細やかな促成管理

●加藤美紀（千葉県安房農業事務所改良普及課）

千葉県南房総市　西宮哲也さん
（有限会社長作園）

地域の状況

南房総市旧丸山町は花卉生産の盛んな地域であるが、その中でも先駆的に生産を始めた地域が長作園のある真野地区である。

その歴史は古く、1886年からテッポウユリの木《き》子《ご》を購入し栽培したのが花卉栽培の始まりで、生産された球根のうち検査合格球は輸出し、不合格球は切り花として1924年から出荷が始まった。

1897年にはハランの栽培を始め、1907年にはイブキ、チョウセンマキ、ツゲ、シャクヤク、センリョウなどの栽培を始めた。その後、1926年からアイリス、アネモネ球根切り花の栽培が始まった。

1965年以降、山間地を利用してのアカシアやキンポウジュなどの花木と、畑にはアイリス、スイセンなどの球根切り花を植えて出荷する経営形態が確立されていた地域であった。

現在の長作園の主力品目である銀葉アカシアは、1935年頃にこの地区で栽培が始まった。当初から花アカシアとして出荷しており、市場評価も高かったとされている。

経営と技術の特徴

西宮哲也さんの祖父の時代からアカシア栽培を始めていたが、山間地に多種の枝葉ものを栽培しており、代々受け継ぐ品目もある。その数は、現在約100種あるという。

1994年に有限会社長作園として法人化し、全経営面積2・5haで現在も露地花卉を主体とした経営である。気象災害や価格変動に対応するため、多品目経営によるリスク分散をしている。

経営の中心は銀葉アカシアであり、開花させた花ものでの出荷である。ほかの経営品目は、ハウス1500坪にニューサイラン、アカシア（葉もの）、ライスフラワーなどを栽培している。

西宮さんは従来のアカシア出荷の基本とされていた、70〜100cmの枝を組み合わせて10本1束としていたものを大幅に見直し、お客さんの使いたい規格、単位を市場や実需者と検討した結果、20年前に細かな出荷規格へ移行した。

通常の切り花の規格と同様に長さを揃えた10cm単位の40〜100cmの規格とし、40〜70cmの短めの規格も充実させた。その出荷割合は40〜70cmが約6割、70cm以上が4割となっている。

天候の影響が大きく、台風被害による枝折れや倒木、夏の日照不足で花芽がつかないなど収穫量が減少することもあったが、

播種3カ月後の苗

経営の概要

経営　アカシアを中心とした法人経営
気象　年平均気温15.9℃、8月の最高気温の平均30.5℃、1月の最低気温の平均1.0℃、年間降水量1,790㎜
土壌・用土　褐色森林土
圃場・施設　露地圃場2.5ha、パイプハウス1,500坪、開花室2室
品目・栽培型　中心は銀葉アカシア（花もの）、ほかにニューサイラン、アカシア（葉もの）、ライスフラワー
苗の調達法　自家
労力　家族3人（本人、両親）、雇用4人

収穫率50％でも経営が成り立つよう努力している。

また、品質管理の面では一枝の開花にバラツキがなく、花持ちが良い品物をつくり上げていることが最大の特徴である。そのために、収穫後の枝の貯蔵、水揚げ、開花室での温度管理など細心の注意をはらっている。

生長、開花調節技術

播種後1年で40～50㎝くらいの高さになるが、定植後の日照を確保するため、初期は除草に努める。また、防風対策も施す。

苗の定植から3年目で収穫でき、15年目くらいまで収穫が可能である。樹高は高いもので5ｍほどになる。

12月から4月まで収穫する。収穫後すぐに吸水させ、水下がりしないよう留意している。前処理剤に浸け、枝に十分散水したあと、開花室に入れ室温25～28℃で促成する。促成期間は1～2日で開花する。

品種の特性とその活用

品種と銀葉アカシアの系統選抜により、出荷期間の延長をはかっている。

12月から真珠葉アカシアの収穫が始まり、次に銀葉アカシアの収穫となる。

銀葉アカシアの採種は6月で、作期拡大のために開花の早いものと遅いものを選抜している。

種苗、育苗

通常、6月に採種する。とりまきの場合、発芽率は90％とよいが、夏越しが困難で、生育が悪く育苗期間が延びる場合がある。このため、主に6月に採種した種子を常温保存し、9月上旬に播種する。

保存した種子はそのままでは発芽率が低いため、90℃の熱湯に3分浸漬し、すぐに冷水にとりそのまま一晩浸漬する。順調に吸水する種子は一晩で2倍くらいの大きさになる。

育苗培土はサカタスーパーミックスと赤玉を1：1に混合する。保湿と水はけの両立を目標としている。生育初期は保湿に努め、徐々に灌水量を減らし、過湿とならないように留意する。

露地で育苗するが、播種後はヨシズなどで遮光し、発芽後徐々に太陽光にならす（上写真）。

定植

9月上旬に播種し、育苗期間約7カ月で翌4月に定植する（次ページ図）。

気象災害による倒木や病害虫による枯死に備えて、収穫できる樹齢の進んだ木の周

アカシアの栽培暦と主な作業

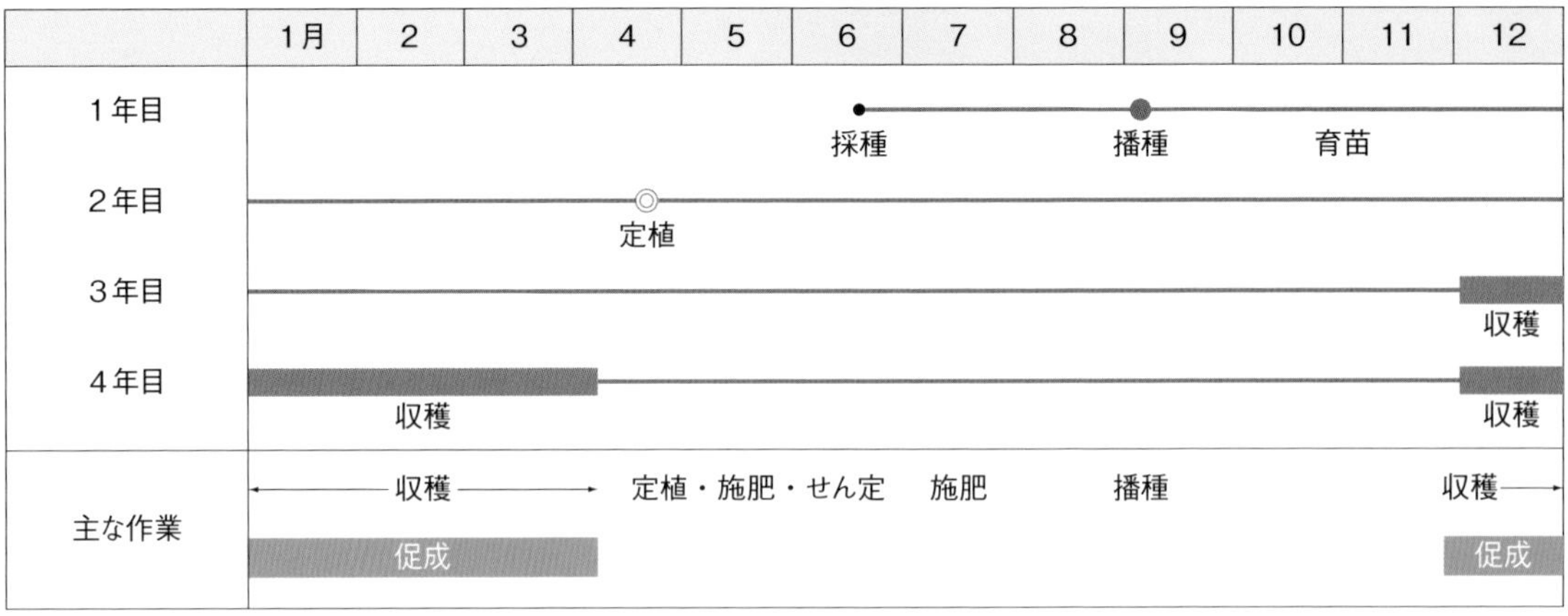

辺にも新植していく。経済的な寿命となる前に新植していくので、樹齢の異なるアカシアが同一圃場にみられる（左ページ左上写真参照）。

栽植密度は銀葉アカシアと真珠葉アカシアで2・5m×2・5m、フランスミモザで3m×3m、わい性品種（ゴールデントップ）で1・8m×1・8mとしている。

西宮さんの圃場は、1カ所に集約されておらず、分散している。作業性から考えると不利と思われるが、気象災害による全滅を回避するには、分散していたほうが都合がよい。このため平地、傾斜地のどちらかに限定することなく定植する。平地の圃場は、日当たりがよく生育もよいが、反面、風通しがよく圃場全体が台風被害にあう場合も多い。一般的に南東向きの傾斜地に植えるのがよいとされているが、一定方向の斜面に限定せず、いろいろな向きの傾斜地の圃場に定植すると、台風の被害にあっても、風向きによっては被害を回避できる。

定植後から活着するまでは、こまめに灌水するが、その後は灌水しない。

定植後の管理

施肥は年に2回、化成肥料（高度4号14－10－13）を施している。4月に施用したあとの生育具合をみて、7～8月に追肥する。施肥量は樹齢、品種によりさまざまである。

カイガラムシ、カメムシ対策の防除を4月から5月にかけて実施する。

除草作業は随時実施し、幼苗の日照確保に努めている。

せん定は収穫後の4～5月に実施する。枝が茶色く硬くなると新梢が出にくい。新梢は緑色を帯びた枝から出やすいのでこれを残す。

樹齢に応じたせん定が必要だが、若い木は強せん定としている。

収穫

基本的に花もので出荷するため、開花室に入れることを前提としている。このため、切り前はつぼみ切りで、切り枝の一番下の花房のつぼみの色が緑からやや黄に変化したときに収穫する。つぼみの形状変化を目安とする場合は、収穫適期より前のつぼみは表面が滑らかな球形だが、収穫適期になると表面にやや凹凸ができる。

収穫が適期より早すぎると、切り枝の基部から先端まですべてのつぼみを開花させることができない。

切り前の見きわめが難しく、また天候や時間によって見え方が違うため、切り前のマニュアル作成が困難である。現在、収穫

樹齢の異なるアカシアが混在する圃場

定植6カ月後の様子

開花室の構造（蒸気式）

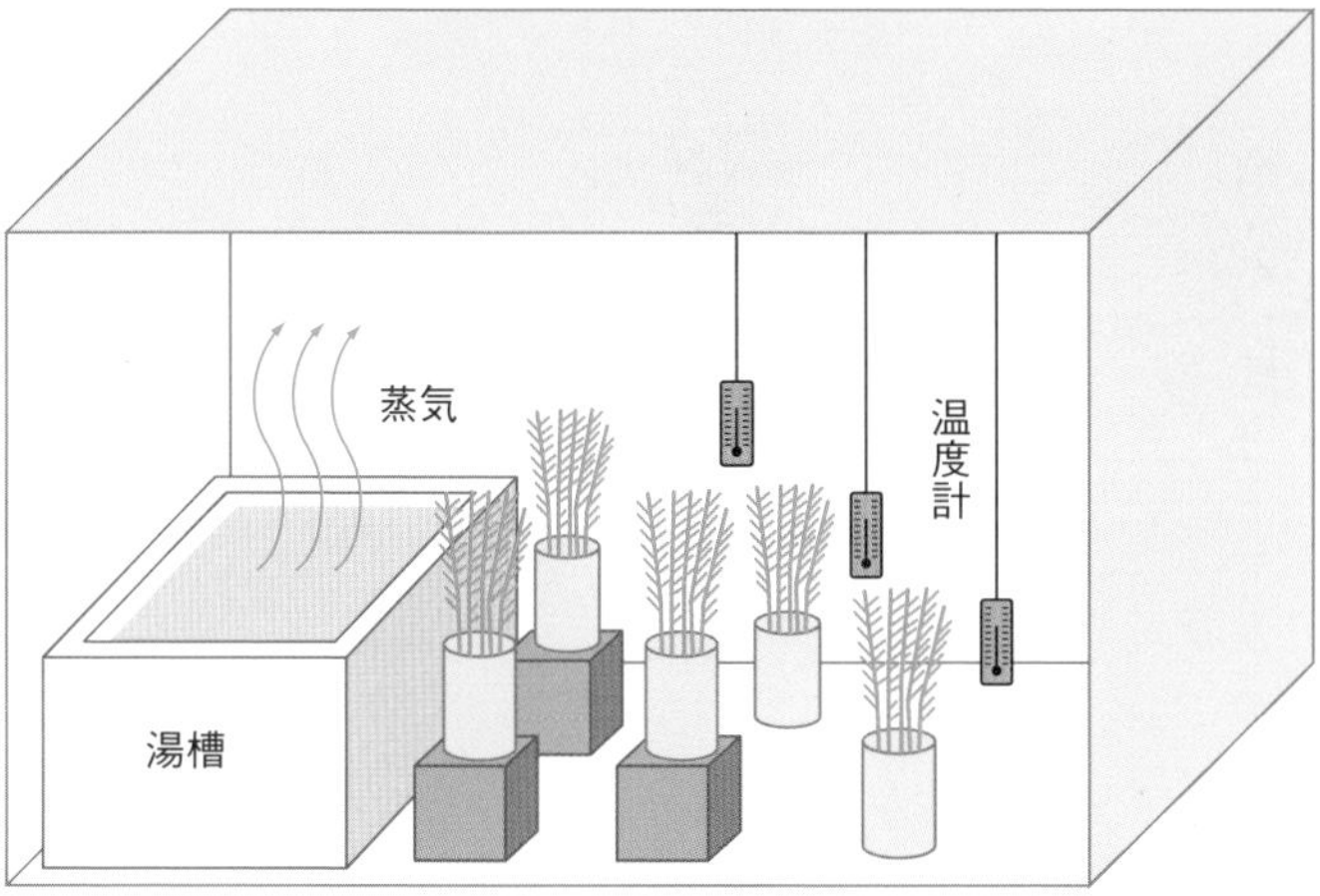

は西宮さん一人で行ない、調製作業は従業員が行なっている。

ひとつの木でも開花程度が各枝で異なるため、切り前を見きわめて、ひとつの木に対して収穫日を3回に分けている。下枝から上枝に向かって収穫する。北東側に伸びた枝の開花が早い傾向にある。

収穫後の鮮度保持

収穫の際は、軽トラックの荷台に水揚げ用のバケツを用意し、収穫後すぐに切り枝を吸水させ、水下がりを防いでいる。

出荷規格に調製後、収穫用巻きネットでまとめ、前処理剤の入った容器に立てる。前処理剤は枝もの用鮮度保持剤（ハイフローラＢＲＣ）50倍を使用している。

前処理剤を使用していない生産者もいるが、花持ちが悪く繊細な花だからこそ、アカシア全体の評価を下げないためにも、前処理剤は必須と考えている。輸送はバケット輸送で、輸送中は抗菌剤を使用している。西宮さんのアカシアは花持ちが良く、前処理剤や収穫後管理の徹底が実需者の評価を得ていることにつながっている。

開花室の構造と促成管理

開花室は3坪ほどの大きさで、蒸気式である。上の図のように暖房として湯槽を設置している。ミモザアカシアは基部から上部に向かって開花するため、開花室内の上部の室温が高く、床に近づくほど温度が低下していくような構造のほうが開花がそろう。このようにあえて室温が均一にならないようなことがアカシアの開花ぞろいに都合がよい。もう1室はエアコン式（電気

出荷前のアカシア
（写真提供：西宮哲也）

露地栽培されているアカシア
（写真提供：西宮哲也）

式）だが、エアコン式は室温が上下で均一になりすぎるため、主力は蒸気式の部屋を使っている。

室内の上部から下部にかけて温度が低下する構造を利用して上、中、下と3つの温度計を高さ別に設置し、温度管理している。開花程度で切り枝を置く高さを調整している。

開花室内の温度管理はもっとも重要である。西宮さんは蒸気式の開花室を利用して促成しており、開花室は25～28℃で管理しているが、自動ではなく手動による。外気温と入庫量で、ボイラー燃焼時間を判断して、温度調整している。

室内は温湿度を保っており、出入庫以外の換気はほとんど行なっていない。入室後の管理は、開花まで乾燥させないことが特に大切である。この点でも、蒸気式のほうが湿度を保てるため促成に都合がよい。そのため入室前にミモザ全体に散水し、収穫用巻きネットで束ねて前処理剤に浸けたまま開花室に入れる。入室後は48時間以上経過しないようにしている。

このような細やかな開花調節で開花が枝全体で均一となっており、市場の評価も高い。

第4章
枝ものなら遊休地・山を活かせる

枝ものには単に売れるだけではない魅力がある。
手間がそれほどかからず軽いことなどから、
遊休地の活用や山の管理の活性化にもつながる。

放ったらかしの山を宝の山に

山採り花木でゴキゲン山づくり

長野●小椋吉範さん／小林昭広さん

花木とキノコの収穫を終えた小椋吉範さん（左）と小林昭広さん。後ろの小屋の中には収穫した花木を水揚げするためのプールがある（写真はすべて尾崎たまき）

伐採すると儲かるどころか、逆にお金がかかるからと、持て余されるスギやヒノキの山。

でも、視点を変えれば、山の活かし方はまだまだある。

山に入り、1日1万円以上稼ぐ

仕事にやり甲斐を感じることで、人はこうも元気が湧き出るものなのか。

大好きな山に足を踏み入れた途端、別人ではないかと思うくらい、声の張りが増し、身のこなしも格段に軽くなった小椋吉範《おぐらよしのり》さんの姿を見て、まず驚いた。

ここは長野県松川町生田《いくた》地区。標高800mを超える山中の、手をついて歩きたくなるほどの急斜面に灌木が広がっている。その茂みをかき分けながら、小椋さんは軽やかな足取りで奥へ奥へと突き進む。目的は紅葉が始まったアブラドウダンの枝の収穫だ。

小椋さんは教職を定年まで勤め上げたあと、父の幸宏さんから30haの山と山採り花木の経営を引き継いだ。スギやヒノキ、アカマツの人工林が広がる生田地区だが、価格低迷のため木材生産による林業で採算を合わせることは難しい。しかし、山林に生える樹木の枝を切り取り、枝ものや実ものなど生け花に使われる花材として出荷する

1茂みをかき分けながら進み、枝を収穫する　2青い葉でも紅葉でも売れ、1本200円ほど、ときには700円以上の値がつく。出荷できる長さに育つには3年ほどかかる　34背負っているのはソヨゴ。モチノキ科の木で、1m80㎝以上の枝が神式の結婚式の飾りなどに使われ、1本500 ～ 800円で売れる　5切った枝を放置すると葉が落ちてしまう。半日以上水に浸け、しっかり水揚げさせることで葉が長持ちする

「山採り花木」なら、「山を1日歩くだけで、1万円以上の稼ぎだって出せますよ」という。

10月末、そんな小椋さんの山を訪ね、山採りの様子を実際に見せてもらった。

林床に自生する木を養成する

照りのある葉の様子から、通称アブラド

小椋さんが出荷する花木

出荷先市場：関東・浜松・金沢・名古屋・京都・大阪・広島・松本

品目	面積	植栽株数	出荷時期											
			1	2	3	4	5	6	7	8	9	10	11	12
アブラドウダン（バイカツツジ）	50a	8000						■	■		■	■	■	
ドウダンツツジ	20a	800						■	■	■	■	■	■	
ケイオウザクラ	50a	300		■	■									
ウズマザクラ		1		■	■									
八重ザクラ	20a	50			■	■								
アジサイ	5a	120							■			■	■	
ウスノキ・スノキ	5a	200					■	■	■	■	■			
ナツハゼ	5a	200					■	■	■	■	■			
コウメ	80a	500												■
アカマツ	50a	500												■
ヒメコマツ	1a	50	■											■
ススキ	3a	520									■			
ナナカマド	3a	20				■	■				■			
キリシマツツジ	3a	200				■	■						■	
レンギョウ	—	24				■								
アセビ	2a	100	■	■	■	■	■	■	■	■	■	■	■	■
モミ	1a	10											■	■
コブシ	—	4								■	■			
シャガ	1a	多	■	■	■	■	■	■	■	■	■	■	■	■
ヒオウギ	0.1a	20									■			
シャクナゲ	0.1a	2				■								
ブルーベリー	2a	多									■	■	■	
ナンテン	—	100												■
ミズキ	—	5				■								

そのほか、モミジ類、メイゲツ、イチイ、コシアブラ、ホオノキ、リョウブ、クロベ、アスナロ、コウヤマキ、ノギク、マルバノキ、キブシ、ツリバナ、オミナエシ、オトコエシ、フジバカマ、アキノキリンソウ、コノテガシワ、ダンコウバイ、ツバキ、コガキ、カツラ、ハナモモ、ガマズミ、ヒカゲノカズラ、ソヨゴ、ベニマンサク、ヒメミズキ、コナラ、サンショ、チャなど少量ずつ栽培し、注文で対応

ウダンと呼ばれるバイカツツジは、ツツジ科の灌木で、夏から秋に鎌やハサミで枝を切り取って収穫する。生け花でとてもよく利用される人気の花材で、80㎝、100㎝、110㎝と長さによる規格がある。

小椋さんによると、アブラドウダンは山採り花木の入門としてもおすすめの木。自生の木から枝を切ってももちろんいいが、スギやヒノキの間伐後の林床によく生えるので、周囲のほかの植物を除いてそれを増やしていく「養成型」の栽培もいいそうだ。

たった今切り取ったばかりのアブラドウダンの枝を手に、ニコリと笑って小椋さんはいう。「これこそサステイナブル・マテリアルってものですよね」

枝ものの収穫は、一度切り取ったら終わりではなく、切り戻された部分から新しい枝がまた生えてくる。収穫作業が自ずと手入れ作業になり、山の恵みとして何度も枝を利用できるので「持続可能な資源」というわけだ。自分が稼ぐための作業が、山をつくることにもなり、やり甲斐を感じずにはいられない。「山でやる仕事があり、収益となることは、70歳をすぎた私にとっての生き甲斐でもあります」

奥山も裏山も宝でいっぱい

小椋さんは指導林家として、山採り花木

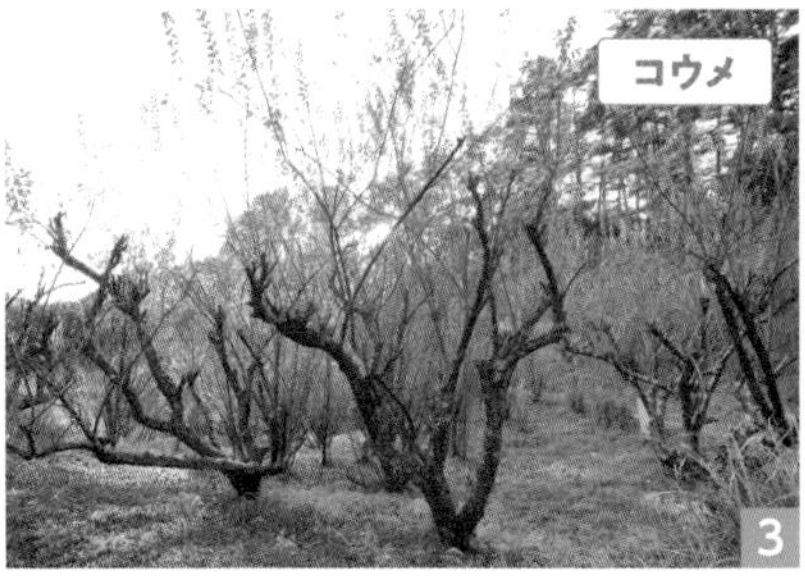

1 家の裏手には枝もので売れる木の苗木を植えて増やす。毎日一回りすれば稼ぎになるので「まさに裏山は宝の山です」と小椋さん　2 正月飾り用に地元の直売所で売る。1本800円ほど　3 実は収穫しないで枝ものとして栽培している。長さ120～130cmほどのつぼみ付きの枝を50本で1束にして出荷。1束1万円ほど　4 6月頃新葉が色づく。主に長さ60～80cmの枝で、新緑から紅葉、実付きなど時期ごとの枝がそれぞれ売れる。1本100～200円ほど

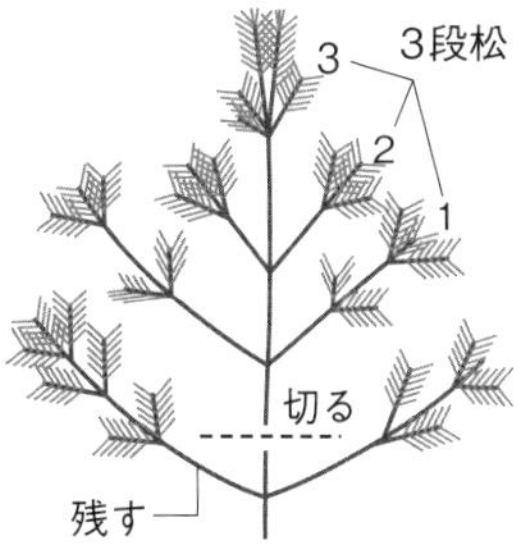

枝を切るときは必ず下に一枚を残す。残さないとその木からは新しい枝が出なくなる

の普及にも努めているが、関心を持つ人が最近増えているという。小林昭広さんもその一人。半年ほど前から小椋さんのもとでアルバイトとして枝ものの収穫などを手伝うようになった。

これまでに木を伐採する仕事に携わった経験もあるという小林さん。小椋さんの手伝いを始めた当初は「枝を売るだけで稼ぎが出るのかなあ」と不思議に思ったそうだが、今ではすっかりそんな心配は消えてしまった。小椋さんと一緒に山に入れば、あれも売れる、これも売れると宝でいっぱいだとわかったからだ。植物だけでなく、山に棲む昆虫や動物のことまで何でもよく知る達人として、日々学ぶことばかりだという。

小椋さん曰く、山採り花木の経営で必要となるのは「先入観を捨てて、価値を見直すこと」。そのため、小椋さんは今でも毎年必ず生け花の展覧会に参加して、どんな花材が欲しがられているか研究を重ねている。

視点を変えてみると、山で稼げる品目はさまざまある。アブラドウダン以外にも、日陰の多いような林床に植え付けたアジサイやミズヒキ（水引草）も稼ぎになる。畑ではケイオウザクラやウメを栽培する。小椋さんの自宅のすぐ裏の山はマツ、ナツハ

こちらも小椋さんの裏山で育てている枝もの。1 11月頃の実付きで長さ60～80㎝の枝が売れる。1本150円ほど　2 11～12月にクリスマスの飾りとして枝が売れる。1本100～500円ほど　3 写真のスノキは葉に酸味がある。長さ60～80㎝の新緑の枝、紅葉の枝、実付きの枝が売れる。1本100～200円ほど　4 まだ青さが残るイガ付きの枝が売れる。1本200円ほど　5 需要は少ないので注文対応。1mの枝が50円ほど

ぜ、モミジ、クリなど枝もの・実ものでいっぱいだ。

さらに、自分の林地以外にも、近所の家の庭に、アブラドウダンやアジサイなどを庭木として植えてもらい、草取りや施肥など日頃の世話をしてあげる代わりに、枝を切らせてもらって出荷することもあるという。

稼げる山づくりを広めたい

「山で生きるということは、山と生きるということ」。それが父から引き継ぎ、次世代に受け渡したい思いだと小椋さん。山採り花木といってもただ採取するだけではなく、増やしたい木以外を小まめに除くなど日頃の手入れは重要だ。植物を見分ける知識や山歩きの技術も欠かせない。

「でも、山間地で暮らそうと思った人が、稼ぎのひとつとして取り組むなら、山採り花木はいいと思います。そういう人がいたら、山を買ったらいいと勧めることだってあります。あるいは、私の近所であれば、山を買わずとも、切り子としてわが家の枝もの収穫を手伝ってもらうのもいいですよね」

山採り花木をここで暮らす人たちの仕事として広め、いつまでも山と生きていく。それが小椋さんの夢だ。（長野県松川町）

水田・果樹園からの作目転換に
高齢化ミカン産地で花木40品目

愛媛●JAえひめ中央温泉地域花木部会・光宗 忍さん

1 植えて10年になるスノーボール畑。毎年枝を切り戻していくので巨木にならない　2 スノーボールの花。枝を80～120㎝に切って出荷

高齢化が進む愛媛のミカン産地で花木が大いに盛り上がっているようだ。JAえひめ中央温泉地域花木部会。平均年齢70歳を超える約100人のメンバーで、2014年はついに売上1億円を突破した。話を聞くために、部会長の光宗《みつむね》忍さんを訪ねた。

最低でも反収45万円！

光宗さんの家に到着すると、笑顔で出迎えてくれた。

「とりあえず圃場を見ますか?」ということで、近くの畑を案内してもらう。歩いてすぐのところに1反ほどの傾斜畑があり、赤い葉を残したこんもりとした株がずらりと植わっていた。

「これはスノーボール。アジサイの親戚です。今は葉が落ちてきたところですが、春に新しい枝が伸びてきて、5月頃に花が咲くとボールみたいにまん丸になるんです。それを切り花として出荷する。1本300円くらいかな」

えっ！　そんなに高いの?　ハウスでつくる輪ギクでさえ1本100円もしないのに…。反収が気になる。

「一番いいのでそれくらい。長さとか規格もありますから。最低でも150円くらいかな。これは1株に15本ほど枝を伸ばすんですが、10本はとれる。1本300円で10本だと3000円。1反に300株くらい入るから、単純計算で反収90万円。一番いい値段の場合ですよ。まあ1本150円としても45万円。最低でもそれくらいとれるということです。アッハッハー」

光宗さん、楽しそうに説明してくれる。

荒廃地や隙間に植えられる

次に向かった畑は、道路下の谷筋に見える小さな段々畑。もともと田んぼだったところでヤブに覆われている。よく見ると、1カ所だけ胸の高さほどの木が何本も植わっている畑があった。

「あれはティナス。青いきれいな実をつけます。これも枝ものとして出荷します。クリスマスのリースなんかに人気があって、けっこういい値段になるんですよ」

家に帰る途中には、民家の間の3畝ほどの小さな畑を指差して「あそこはシャクヤク。こんなところでも6万円くらいにはなるかな」。さらに、畑の脇にある大きな1

本の桜を指差して、「あれは11月から咲く寒桜。枝ものとして出荷するんですが、あの樹1本で2万~3万円になるかな」。集落の桜かと思いきや、光宗さんが植えたれっきとした商品作物とのこと。

花木は隙間みたいなスペースがあれば、どこでもちょこちょこ植えられてお金になる。荒廃地の解消にもなると光宗さん。

ユーカリ類 1部会でもっともつくられている品種。出荷時期は9~4月 2出荷時期は9~4月 3出荷時期は9~3月 4出荷時期は10 ~ 11月
※規格は2L(115㎝)、L(100㎝)、M(80㎝)、S(60㎝)の4つあり、2Lが1本100円ほどで一番高い。枝下10㎝の葉を取り、5本束を段ボールに10束入れて出荷

ミカンは重いが花木なら軽い

この地区で花木が始まったのは20年ほど前のこと。ミカンの大産地でみんなミカンをつくっていたが、何度か価格が暴落し、収入が不安定になってきた。さらに高齢化も進んできた。ミカン山で20kgのコンテナを何度も運ぶのは大変だ。そこでミカンに代わる品目として、ユーカリなどの花木を少し植える人が出てきた。花木は軽いので、歳をとっても取り組みやすいのだ。

そうして人数が徐々に増え、部会もでき、現在は102人、面積にして21haまで広がった。光宗さんが部会長になった10年前は全体の売上が5000万円ほどだったが、2014年には目標だった1億円を突破。

中には85歳現役バリバリで張り切っている人もいる。この年齢になるとさすがにミカンはつくれないが、花木ならできるということで、3反で5種類の花木をつくっているそうだ。

ユーカリを中心に40品目、周年出荷できる体制に

部会がぐんぐん成長してきたのは、品目構成と市場での売り方が大きいようだ。最初に面積が増えた品目はユーカリ。葉ものなので、夏を除いた秋から翌年の春までずっと出荷できる。これをメインにし、春の花が咲くときに出荷するスノーボールやスモークツリーなどの花もの、秋にきれいな実をつけたときにやや長い期間出荷できるティナスやサンザシなどの実ものも加え、今ではほぼ周年出荷できるようになった。品目数にしておよそ40種。

花木を始めるところは多いが長続きしな

いと言われている。理由は、ひとつの品目を一時的に出すだけでは市場の評価を得にくく単価も上がりづらいからだ。その点、この部会ではユーカリを柱に周年出荷できる体制をつくりつつ、さらに、その日の出荷数量を各農家に連絡してもらって、事前に市場へ出荷情報を流すので、ほぼ相対取引ができている。これがマイナーな花木を高単価で売るポイントのようだ。もちろん品質にも気をつけていて、荷作り講習会などはこまめに行なっている。おかげで市場からはさらに信頼されるようになった。

一本釣り方式で メンバーを勧誘

メンバーの勧誘も地道に行なってきた。最初は花木といってもピンとこない人が多かった。そこで光宗さん、みんながよく通る道路沿いの田んぼを借りて、あえてそこで花木をつくった。すると、「お前さん何やってるん？ これでなんぼとれるん？」と聞かれる。「50万円とれる」と答えると、「そーか」と帰っていく。その後、興味がある人からは「ワシも少しやってみようか」と連絡が来るのだ。こんな一本釣り方式の勧誘がもっとも効果的だった。

花木は初期投資がかからないのも魅力。「道具は、せん定バサミとノコギリだけ」。苗代は必要だが、それでも一度植えれば10年以上は植え替えせずに済む。ユーカリだと10年、スノーボールやティナスだと15年くらい持つ。途中の経費もあまりかからない。光宗さんによると、今ある主力品目は病気などにならなければ、手取りで最低でも反当30万～40万円になるという。

主力品目のユーカリは4品種

現在の主力品目はなんといってもユーカリだ。部会の総面積の約半分を占めている。出荷期間が長いだけでなく、苗を植えた翌年から出荷できる。たいていの花木は株づくりのために植えてから出荷できるまでに3年ほどかかるのだが。

ユーカリは品種が２００くらいあるそうで、部会で今つくっているのは4品種。メインは**グニーユーカリ**。小さなかわいい丸葉で、添え花としての需要が高い。生け花やフラワーアレンジメント、イベント会場の花束などによく使われる。**銀世界ユーカリ**はグニーよりも少し葉が大きいタイプ。さらに葉が大きいのが**ユーカリポポラス**。最近は実をつけて出荷する**ポポラスベリー**もあって、これらの品種も人気が出てきた。

枝を切るとハーブのような匂いがするのもユーカリの特徴。玄関の下駄箱のニオイ消しに使われることもある。今注目されているのは、この匂いに花粉症や鼻炎の症状を抑える機能があることだ。家の中に飾っておいたら、子どもの花粉症が治まったという声も届いている。

市場へ販促に行って 新品目をチェック

ユーカリの次に多いのはスモークツリー（花もの）。5～6月になると、煙のようなモワモワッとした花が咲く。存在感があるので添え花ではなく、メインの花として使われている。品種は色の違いで3種類あり、

花もの類　1出荷時期は5～6月　2出荷時期は6～7月　3出荷時期は3～4月

実もの、葉もの類　1出荷時期は9～12月　2出荷時期は9～11月　3出荷時期は9～12月　4出荷時期は10～1月

ピンク、レッド、グリーン。アカシア（葉もの）も人気品目のひとつで3品種つくっている。**銀葉アカシア**、**パールアカシア**、**三角葉アカシア**。そのほか、実ものではティナスやサンザシ、ヒペリカムなど、花ものではアナベル、コデマリ、ハナモモなどもある。最近は葉もののピットスポラムも人気があるそうだ。

　これらの品種品目は、部会の役員が市場へ販促に行ったときに情報を仕入れ、面白そうなものを取り寄せて、部会で試験栽培して広げてきたものだ。

「販促もただお願いに行くだけではもったいない。市場に行くと世界中からいろいろな花木が入ってくるから、そのときにチェックすると面白いんですよ」

　花木部会、まだまだ伸びていきそうだ。

（愛媛県松山市）

耕作放棄地を枝もので「地域再生」

茨城●石川幸太郎

枝ものが耕作放棄地解消に向く理由

　奥久慈地域は茨城県の北部に位置し、山林が総面積の63・7％（常陸大宮市）を占める中山間地域で、耕作放棄地率のきわめて高い地域である。

私の住む常陸大宮市那賀地区は特に耕作放棄地が多く、地域の景観を損なうばかりでなく、鳥獣被害が増え、地域の活力や農業を通した地域のコミュニティー機能も低下していた。

地域がヤブで覆われてしまう、農業を再生し地域に活力を、という思いで選んだのが「枝もの」による地域再生である。枝ものの栽培は面積を多く必要とすることから耕作放棄地を一気に解消できる。

中山間地域の耕作放棄地解消の手段として枝ものを選んだ理由は、荒地でも植えられること、特殊な栽培管理技術がいらないこと、出荷期間が比較的長く自分の都合に合わせた作業が可能であることなど多くの利点があるからである。

しかし枝ものを知る人もなく、誰が栽培してくれるのか、栽培技術や栽培品目、販売、輸送の問題をどうするか、解決しなければならない課題は山積みされていた。こうした課題をひとつひとつ解決しながら、１９９９年ハナモモを20ａ植え付けたのが、枝もの産地づくりの第一歩であった。

筆者。奥久慈枝物部会会長を務める

耕作放棄地を産地に変えた工夫

１９９９年初めて枝ものを植え付けてから徐々に枝もの栽培者を確保することができ、２００５年に仲間９人で「ＪＡ茨城みどり枝物生産部会」（当時）を設立し、部会の目標「１００人、１００ha、１億円」を掲げ本格的な産地づくりをスタートさせた。取り組んだ内容をいくつか紹介する。

部会員が協力して行なう耕作放棄地の再生作業

①生産者の確保

生産者募集のターゲットを定年帰農者に絞り、年金は生活費、家族旅行やゴルフなどの趣味、孫への小遣いなどは枝もので稼ぐ、言わば「年金プラスα」による枝もの栽培を提唱し、退職する３～５年前に植え付けることをすすめ栽培者をつのった。枝ものは植え付けてから収穫までに３～５年を要するので、その間収入を得ることはできず、一般の農家が枝ものに転向することはほぼ不可能である。しかし、勤め人であればその間賃金を得られるので、容易に取り組める。

②部会員での耕作放棄地の再生

枝ものの栽培は土地生産性の低い作目であり、10ａ当たり20～30万円前後の売上になるが、品目によっては一度枝を切り収穫したあと5～6年経たないと次の出荷ができないものもあり、一定の金額を目標にした場合は多くの面積を必要とする。そのためには所有農地だけでなく借地による面積を確保する必要がある。シノヤブやフジヅル、雑草が生い茂る耕作放棄地であれば容易に借り受けることができ、栽培面積の拡大につながった。

ちなみに、私の地区では宅地と畑が点在

主な「奥久慈の枝もの」出荷時期

品目	1月	2月	3月	4月	5月	6月	7月	8月	9月	10月	11月	12月
ハナモモ	◨	■	■									
サクラ	■	■	■									◨
ウメ	■	■										◨
スモークツリー						■						
ユーカリ						■	■	■	■	■	■	
ナツハゼ					■	■	■	■	■			
ヤナギ類	■	■	■						■	■	■	■
ヒメミズキ	■	■	■	■	■	■	■	■				■
ヒメリョウブ					■	■			■	■	■	
ドウダンツツジ				■	■	■	■	■	■	■	◧	
ツルウメモドキ								■	■	■	◧	
野バラ								■	■	■	◧	
コニファー類	■	■	■	■	■	■	■	■	■	■	■	■

する15haのうち、8haで枝ものが栽培され、そのうち5haがヤブに覆われた耕作放棄地だった。現在は耕作放棄地ゼロとなり、2009年には茨城県の「耕作放棄地解消モデル地区」にも指定された。耕作放棄地の再生作業は一人では容易でないため部会員が協力して行ない、特に新規就農者に対しては植付け支援まで行なうこともある。

③促成室・出荷貯蔵施設の整備

ハナモモの品質を向上させるため、2014年に枝もの専用の促成施設を、2021年に枝もの貯蔵施設を設置した。枝ものの拠点が整備され、「奥久慈の花桃」「奥久慈桜」などを中心に約30品目の促成枝ものを出荷している。

④部会員での共同作業

耕作放棄地の再生作業以外でも、部会での共同作業を設けている。

ハナモモの出荷作業（1月下旬～2月末）は、出荷日別に分担を決め、箱詰め作業、トラックへの積込み作業などを行なっている。束の作り方や品質などほかの部会員のものを確認することができ、品質の統一にも役立っている。

正月用花材として需要のある金、銀の染めヤナギは週2回の染め日を設定し、染めヤナギに取り組む全員が参加し、染め場の作製、染色作業、出荷作業を行なっている。

こうした取組みは、部会員が集う機会が増え情報交換による知識の向上や、信頼感の醸成、仲間意識の向上に大きな役割を果たしている。

このほかに、初期投資を抑えるために部会内で挿し木や取り木、苗などを無償で頒布するほか、毎年重点導入品目を設定し、作付け品目の拡大にも取り組んでいる。

幸い、ここ数年20～40代の若い人たちが枝もの専業農家を目指して地域外から就農するケースが出てきており、さらなる促進をはかる必要がある。そのためには、住居、農地、資金、技術指導などの課題も多い。JA、行政機関、生産者による新規就農支援システムを確立し、安心して枝もの経営に参入できる体制を整える必要がある。

また、一方では植付け後20年近くなり、株の更新時期も迎えていることから、改植を計画的に進めなければならない。

こうしたさまざまな課題を解決し、将来にわたって産地を維持し持続的に発展させるため努力をしていきたい。

（茨城県常陸大宮市）

掲載記事初出一覧（発行年と月号のみの記載は現代農業）

第1章　枝ものが売れる！

屋敷まわりの枝ものを直売所販売
…………………… 2019年11月号、2021年2月号

どん詰まり集落より「野山の掘り出しもの」を
増やして売る … 2018年2月号、2019年5月号

枝ものはなぜお客さんにも農家にも人気なのか
………………………………………………………… 新規

枝ものの種類と取り入れ方 ……………………… 新規

写真で見る　枝もの栽培の基本
………… 新規、2017年5月号、2019年11月号

第2章　売れる枝もの図鑑

葉もの

ユーカリ　一年中販売できる ……… 2020年7月号

ユーカリ　主枝出しより、ラクで儲かる側枝出し
……………………………………… 2019年9月号

マツ　ダイオウマツの枝を正月飾りに
……………………………………… 2015年1月号

マツ　せん定ついでに、ひと稼ぎ… 2019年11月号

ドドナエア　チョコレート色の珍しい紅葉樹
……………………………………… 2020年1月号

アカメガシ　挿し木で殖やして長期間売る
…………………………………… 2020年11月号

サカキ　ヒノキ林内で日焼け防止 芯止めで収量増
…………………………………… 2019年11月号

サカキ　副業にサカキ、90歳でも年間100万円が
稼げる ……………………………… 2015年11月号

シキミ　手が行き届く適正規模がカギ
…………………………………… 2019年11月号

ヤドリギ　ツリーケアから生まれたヤドリギの枝もの
…………… 季刊地域2021年秋号、2022年冬号

オリーブ　10本1束でリースや生け花の材料に
…………………………………… 2019年11月号

花もの

アカシア　黄色い花が豪華 ………… 2020年4月号

アジサイ　フレッシュ出荷と秋色出荷で長く売る、
高く売る ……… 2022年7月号、2023年2月号

ロウバイ　香り豊かで正月によく売れる
…………………………………… 2020年12月号

モクレン　挿し木で白、紫、黄の3種
…………………………………… 2019年11月号

ウメ　せん定枝「ズバイ」がひと冬40万円以上に
…………………………………… 2019年11月号

サクラ　サクラの枝もの、品種リレーで稼ぐ
……………… 2020年5月号、2022年4月号

サクラ　ケイオウザクラでひと稼ぎ… 2022年4月号

ハナモモ　「祝い花」として人気 …… 2020年5月号

ハナモモ　ひな祭り前後によく売れる
…………………………………… 2019年11月号

ハナモモ　風呂にドボンで、モモの節句に
開花を合わせる ………………… 2011年12月号

実もの

ヒペリカム　セットでも人気 …… 2019年11月号

ブルーベリー　青い実をつけたせん定枝を販売
…………………………………… 2011年12月号

マユミ　実の美しさにビックリ…… 2019年11月号

アオモジ　枝もつぼみも緑色 …… 2019年11月号

ガマズミ　見苦しい枝ぶりほど売れる!?
…………………………………… 2019年11月号

サルトリイバラ　ぷりっぷりの実をリースに
…………………………………… 2019年11月号

ツルウメモドキ　道路脇から1束900円
…………………………………… 2019年11月号

トウガラシ　3色の実ものを生でドライで
…………………………………… 2019年11月号

ナツハゼ　山から移植、紅葉枝に需要あり
…………………………………… 2019年11月号

ナンテン　縁起物として大ヒット… 2019年11月号

枝もの

ヤナギ　新芽が膨らみ、春を告げる… 2020年3月号

キウイ　動き回るような姿が大人気
…………………………………… 2019年11月号

ニシキギ　「翼」ありとなし、2種類を販売
…………………………………… 2019年11月号

第3章　枝ものの技術と経営

ユーカリ　作業の分散化とコストを意識した効率的な
グニーユーカリの枝もの生産
……………………… 農業技術大系花卉編第11巻

センリョウ　自生地に学ぶ　環境・養水分管理
……………………… 農業技術大系花卉編第11巻

アカシア（ミモザ）　一斉開花と日持ちの良さを実現
……………………… 農業技術大系花卉編第11巻

第4章　枝ものなら遊休地・山を活かせる

放ったらかしの山を宝の山に
………………………………季刊地域2023年冬号

高齢化ミカン産地で花木40品目 …… 2015年2月号

耕作放棄地を枝もので「地域再生」
……………………………農業技術大系花卉編第4巻

本書は『別冊 現代農業』2023年12月号を単行本化したものです。

※執筆者・取材対象者の住所・姓名・所属先・年齢等は記事掲載時のものです。

撮 影
赤松富仁
尾崎たまき
佐藤和恵
田中康弘
戸倉江里
依田賢吾

カバーデザイン
髙坂 均

本文デザイン
川又美智子

本文イラスト
アルファ・デザイン

農家が教える
枝もので稼ぐコツ
ユーカリ・ナンテン・アカシア・ハナモモ・サクラなど52種

2024年5月15日 第1刷発行

農文協 編

発行所 一般社団法人 農山漁村文化協会
郵便番号 335-0022 埼玉県戸田市上戸田2丁目2-2
電 話 048(233)9351(営業) 048(233)9355(編集)
FAX 048(299)2812 振替 00120-3-144478
URL https://www.ruralnet.or.jp/

ISBN978-4-540-23169-8 DTP製作/農文協プロダクション
〈検印廃止〉 印刷・製本/TOPPAN㈱